U0571538

通信网络安全

主　编　李　可　黄　博

副主编　孙妮娜　王中宝　张　伟

参　编　谢露莹　吕岳海　郭　柳

主　审　孙鹏娇

北京理工大学出版社
BEIJING INSTITUTE OF TECHNOLOGY PRESS

内 容 简 介

全书共 5 个模块，13 个任务。模块 1 是通信网络基础知识，介绍了通信、通信网络、通信系统相关知识。模块 2 是 TCP/IP 基础，介绍了网络拓扑与 TCP/IP 的应用。模块 3 是网络安全，介绍了安全传输与 VPN 构建。模块 4 是网络设备安全，介绍了交换机与路由器的配置。模块 5 是通信安全，介绍了日常生活中信息安全方面的相关知识。

每个模块的任务包括理论分析和技术原理讲解，学习之后，读者可以对理论产生初步印象，然后在实践任务中选用目前常用的网络安全工具和实验环境，再使用工具进行实际操作，这样可以帮助读者理解和掌握相关知识。实践任务在合理情境设计的基础上，以任务为驱动，强调过程；以提出任务或假设为基础，强调方法和结果。另外，每个模块中还包含做一做或想一想等，可供读者学习和思考。

图书在版编目（C I P）数据

通信网络安全 / 李可，黄博主编. -- 北京：北京理工大学出版社，2022.11

ISBN 978 - 7 - 5763 - 1802 - 9

Ⅰ. ①通… Ⅱ. ①李… ②黄… Ⅲ. ①通信网 - 网络安全 Ⅳ. ①TN915.08

中国版本图书馆 CIP 数据核字（2022）第 205761 号

出版发行 / 北京理工大学出版社有限责任公司
社　　址 / 北京市海淀区中关村南大街 5 号
邮　　编 / 100081
电　　话 / （010）68914775（总编室）
　　　　　（010）82562903（教材售后服务热线）
　　　　　（010）68944723（其他图书服务热线）
网　　址 / http：//www. bitpress. com. cn
经　　销 / 全国各地新华书店
印　　刷 / 涿州市新华印刷有限公司
开　　本 / 787 毫米 × 1092 毫米　1/16
印　　张 / 10　　　　　　　　　　　　　　　　　　责任编辑 / 封　雪
字　　数 / 230 千字　　　　　　　　　　　　　　　文案编辑 / 封　雪
版　　次 / 2022 年 11 月第 1 版　2022 年 11 月第 1 次印刷　　责任校对 / 刘亚男
定　　价 / 65.00 元　　　　　　　　　　　　　　　责任印制 / 施胜娟

前　言

通信技术的迅猛发展使互联网得到了广泛应用，并由此对人们的生产和生活产生了极大的影响，通信网络安全也变得尤为重要。随着通信网络的不断普及，其中的不安全因素也越来越多，影响了人们的基本生活，甚至国家的安全。如今，通信网络安全已经逐渐成为人们共同关注的焦点。

本书以现代通信网络为背景，系统、深入地介绍了通信网络安全的基本概念和基本原理及保证网络安全的各种方法，主要内容包括通信网络威胁分析与网络安全体系结构、传输网络 IP、网络信息安全、网络设备安全、通信安全，使读者可以灵活地掌握通信网络安全的基本知识和基本技能。全书共分为 5 个模块，具体内容包括通信网络基础知识、TCP/IP 基础、网络安全、网络设备安全及通信安全技术。

本书内容丰富、概念清楚、取材新颖，充分反映了近年来通信网络安全的先进技术及发展方向。

本书以基本原理的应用为中心，使理论紧密联系实际，系统地讲述了网络安全所涉及的理论及技术。在理论介绍的基础上，本书还强调了实验实践环节的通用性和可操作性，避免出现传统网络安全教材中存在的操作性不强、理论和实际联系不紧密的问题，重点讲解了网络安全领域的新问题和技术的运用方法。

本书以当前广泛应用的通信系统和代表发展趋势的通信网络安全新技术为背景，在介绍基本原理的基础上，注重取材的新颖性与先进性，是近些年来编者从事教学工作的实践经验的总结，其宗旨是系统深入地阐述通信网络安全的相关技术和基本原理，使读者可以灵活掌握通信网络安全的基本知识和基本技能。

本书由李可、黄博担任主编，由孙妮娜、王中宝、张伟担任副主编，谢露莹、吕岳海、郭柳也参与了编写工作，由孙鹏娇担任主审。其中，李可、黄博负责编写模块 1 和模块 2。孙妮娜、王中宝、张伟负责编写模块 3 和模块 4，谢露莹、吕岳海、郭柳负责编写模块 5。

由于时间仓促，再加上编者水平有限，书中难免存在不妥之处，请广大读者批评指正。

编　者
2022 年 10 月

目 录

模块 1　通信网络基础知识 ·· (1)

　任务 1　通信初识 ··· (1)
　1.1　通信的基本概念 ··· (1)
　1.2　信号 ·· (2)
　1.3　通信系统 ·· (4)
　1.4　通信网 ··· (8)
　任务 2　常用连续信号的实现 ·· (9)
　2.1　任务主要步骤 ··· (10)
　2.2　任务报告要求 ··· (12)

模块 2　TCP/IP 基础 ··· (13)

　任务 3　网络模型 ··· (13)
　3.1　网络拓扑结构 ··· (13)
　3.2　OSI 参考模型 ··· (18)
　3.3　TCP/IP 协议 ·· (19)
　任务 4　常用网络管理命令 ·· (22)
　4.1　查看计算机的配置信息 ·· (23)
　4.2　网络测试命令的使用 ·· (24)
　4.3　路由追踪命令 tracert ··· (25)
　4.4　路由跟踪命令 pathping ··· (26)
　4.5　netstat 命令 ··· (26)

模块 3　网络安全 ··· (31)

　任务 5　网络安全概述 ··· (31)
　5.1　网络安全的重要性 ·· (31)
　5.2　网络安全的定义及目标 ·· (34)
　5.3　安全传输 ··· (36)

5.4　VPN ·· (38)

任务 6　VPN 服务器的部署 ·· (44)
6.1　连接设备 ··· (44)
6.2　配置 TCP/IP ··· (44)
6.3　安装"路由和远程访问服务"角色服务 ························· (44)
6.4　配置并启用路由和远程访问 ·· (45)
6.5　创建 VPN 接入用户 ··· (51)
任务 7　IPSec VPN 的配置 ·· (62)

模块 4　网络设备安全 ··· (67)

任务 8　交换机配置 ··· (67)
8.1　了解虚拟局域网 ··· (67)
8.2　了解配置虚拟局域网的命令 ·· (71)
8.3　单交换机虚拟局域网的配置 ·· (77)
8.4　基于 VTP 协议的跨交换机虚拟局域网配置 ·················· (80)
任务 9　路由器配置 ··· (86)
9.1　路由器工作原理 ··· (86)
9.2　Cisco 路由器配置命令 ·· (90)
9.3　RIP 路由配置 ·· (93)
9.4　通过 RIP 进行网络互联 ·· (98)
9.5　路由器的安全配置 ·· (100)
9.6　OSPF ·· (101)
任务 10　OSPF 配置 ·· (108)

模块 5　通信安全 ·· (127)

任务 11　计算机病毒 ··· (127)
11.1　计算机病毒的定义 ·· (127)
11.2　计算机病毒的特征及其危害 ··· (127)
11.3　反病毒技术 ··· (128)
11.4　病毒的预防与处理 ·· (129)
11.5　宏病毒防范 ··· (130)
任务 12　操作系统安全 ·· (134)
12.1　Windows 系统安全操作系统 ·· (134)
12.2　文件安全 ·· (138)
任务 13　防火墙安全技术 ·· (140)
13.1　防火墙概述 ··· (141)
13.2　Windows 防火墙 ·· (142)
13.3　Windows 防火墙的应用 ·· (144)

参考文献 ··· (152)

模块 1

通信网络基础知识

任务 1　通信初识

本任务主要为后续内容的学习储备基础理论知识，着重介绍了通信中的信号分类、通信系统和通信网络。

任务目的

（1）掌握信号与系统的主要内容、基本概念以及分析方法。
（2）培养学生执着专注、精益求精、一丝不苟的工匠精神。

任务要求

本任务主要介绍信号与系统的基本概念和分析方法，有以下基本要求。
（1）掌握通信的相关概念。
（2）掌握信号的分类。
（3）了解信号与系统分析的常用方法及软件。

1.1　通信的基本概念

1.1.1　通信的概念

通俗地讲，通信就是在日常生活中，人们相互传递信息的过程。

在古代，人们通过驿站、飞鸽传书、符号、身体语言、眼神、触碰等方式进行信息传递。例如烽火台，当烽火点亮时，表示敌人来犯；而烽火未点亮，则表示平安无事，如图1-1所示。

通信是指人与人或人与自然之间通过某种行为或媒质进行的信息交流与传递，从广义上讲，指需要信息的双方或多方无论采用何种方法，使用何种媒质，将信息从某方准确、安全地传送到另一方。

图 1-1　光通信

人们通信的方式和手段种类很多，如古代的消息树、击鼓传令；再如现代社会的电报、电话、广播、电视、遥控、遥测、互联网、数据和计算机通信等，这些都是消息传递的方式和信息交流的手段。

1.1.2　信号、消息与信息

通信是信息或其表示方式（表示媒体）的时/空转移。比如，我们通过打电话，可以通知对方聚餐的时间和地点。这就是利用电磁信号传递和交换消息中的信息。这里有三个名词值得我们关注，即信号、消息与信息。

1. 信号

信号是运载消息的工具，信息的物理载体。从广义上讲，它包含光信号、声信号和电信号等。

（1）古代人利用点燃烽火台而产生的滚滚狼烟，向远方军队传递敌人入侵的消息，这属于光信号。

（2）当我们说话时，声波传递到他人的耳朵中，使他人了解我们的意图，这属于声信号。

（3）遨游太空的各种无线电波、四通八达的电话网中的电流等，都可以用来向远方表达各种消息，这属于电信号。

在通信系统中，信号以电（或光）的形式进行处理和传输，最常用的电信号形式是电流信号或电压信号。

在通信中，信号是消息的载体，消息是用以表达信息的某种物理形式；信息是指消息中所包含的有效内容。

2. 消息

关于人或事物情况的报道称为消息，是用以表达信息的某种物理形式。

3. 信息

消息中有意义的内容称为信息。信息可理解为消息中的不确定部分，只有消息中不确定的内容才称为信息。信息的表现形式有数据、文本、声音、图像，它们可以相互转化。

通信的基本概念

1.2　信号

1.2.1　信号与系统的关系

下面举例说明信号与系统的概念，比如我们所熟悉的手电筒中的电路，其本身就是一个系统，而对于外加的电源就是一个输入信号，产生的电流或电压就是响应信号。还有，当人们开车时，车就相当于一个系统，而附加的油门、刹车、方向盘等都可以看成是输入信号，由此而产生的加速、减速、转向等都可以看成是输出信号，也就是响应信号。病人做心电图时，整部机器就是一个系统，而病人的心跳就等于输入信号，由此绘出的波形就是响应信号，如图 1-2 所示。

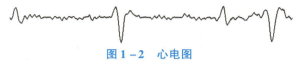

图 1-2　心电图

相信大家也会由此想到各种有关于信号与系统的概念，因此分析信号与系统就具有比较重要的意义，在某些领域中，关注特定的系统，会让我们知道其对于不同信号的响应是什么样的。信号与系统分析的另一层重要意义是，可以针对信号的特点进行系统设计，以对信号进行处理或是提取等。如，对噪声信号的去除。另外一些应用的重点是信号的设计，例如，远距离通信时要求对信号进行特定频率处理，对于股势走向波形的预测等。还有就是利用信号与系统的分析去控制系统的性能，如楼内走廊上的声光控制灯，它是通过传感器对于信号的感知来控制灯的开关的。

1.2.2　信号的描述

信号可以用很多方式来描述，但在通常情况下，信号所包含的信息都是寄予在某种变化形式的波形中。在数学上，信号可以表示为一个或多个变量的函数。

1.2.3　信号的分类

信号的分类方法有很多，可以从不同的角度对信号进行分类。在对于信号与系统的分析中，我们常以信号所具有的时间特性来分类。这样，信号就可以分为确定信号与随机信号、连续时间信号与离散时间信号、周期信号与非周期信号等。

1. 确定信号与随机信号

（1）确定信号是在任意时刻，在其定义域内都有对应的确定的函数值，如正弦信号等。

（2）随机信号具有不可预知的不确定性，只能知道其统计特性。

2. 连续时间信号与离散时间信号

连续时间信号是指在所讨论的时间间隔内，除若干不连续点之外，对任意时间值都可给出确定的函数值，通常用 $f(t)$ 表示，如声音信号等，如图 1-3（a）所示。

离散时间信号是指在时间上是离散的，只在某些不连续的规定瞬时给出函数值，在其他时间无意义，常用 $f(n)$ 表示，例如，股票市场的每周道琼斯指数等，如图 1-3（b）所示。

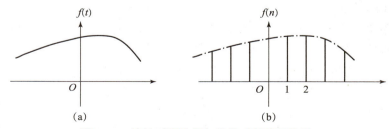

（a）　　　　　　　　　　　　　　（b）

图 1-3　连续时间信号与离散时间信号波形

（a）声音信号；（b）道琼斯指数

3. 周期信号与非周期信号

周期信号是指每隔一定时间 T，周而复始且无限的信号，满足公式 $(1-1)$

$$f(t) = f(t+nT) \quad n = 0, \pm 1, \pm 2, \cdots (任意整数) \qquad (1-1)$$

非周期信号是指在时间上不具有周而复始的特性，可将其视为 T 趋于无穷大的周期信号。

信号

1.3 通信系统

1.3.1 简单通信系统

从图 1-4 中可以看出，通信系统的种类繁多，如果对通信系统的性能进行分析，应该先找到各系统中的共性，这样分析起来就会变得更加方便。

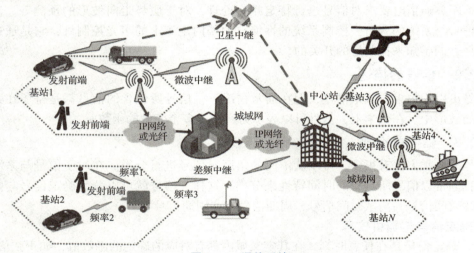

图 1-4 通信系统

不同种类的通信系统的共性如下：

要进行信息的传递，必然需要存在发送信息方和接收信息方，也就是说，各种通信系统都有一个发送端，在发送端都有信源以及发送设备，发送端的信号会通过信道（信道是信息传输的媒介）到达接收端，而接收端包括接收设备和信宿。信道在接收过程中还会受到各种干扰，电话通信系统、数据通信系统、微波、卫星等通信系统，都可以用这样一个通信系统模型来描述。

可以把通信系统的模型画为通信系统模型，即通信系统的一般模型，如图 1-5 所示。其中，通信系统的模型由信源、发送设备、信道、接收设备、信宿五大部分组成。

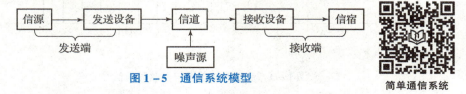

图 1-5 通信系统模型

简单通信系统

1. 信源

也称信息源，发出消息的设备，产生信息的人或机器，具有把原始消息转换为电信号的功能，即完成非电量到电量的变换。

2. 发送设备

把信源产生的信息转换为适合于信道传输的信号形式，即将信源和传输媒介匹配起来，包括对信号进行放大、滤波、编码、调制、频谱变换等操作的过程。

3. 信道

传输信号的载体，从发送设备到接收设备之间信号传递所经过的媒介。信道可以是有线的，也可以是无线的，包括电缆、光缆、无线电波等（在通信系统各部分中，都不可避免受到噪声的影响，为了分析方便，将各种噪声对信号的影响集中表示在信道中，噪声是客观存在的干扰）。

4. 接收设备

功能和发送设备相反，将接收的信号转换为信宿可以识别的信息形式，包括解调、解码、滤波、放大等。

5. 信宿

信息到达的目的地，完成电量到非电量的变换。

由于信源和信宿分别位于通信系统的两个端头，故又称它们为终端设备，通常是接收信息的人或机器。

通信系统根据所传信息的信号表示形式，可以分为模拟通信系统和数字通信系统。

（1）模拟通信系统是指利用模拟信号传输信息的通信系统，而模拟信号就是特征量取值连续的信号（例如幅度、频率或相位）。

（2）数字通信系统是指利用数字信号传输信息的通信系统，那么数字信号就是特征量取值离散的信号（特征量包括信号的幅度、频率或是相位）。

1.3.2　模拟通信系统

如图 1−6 所示，模拟通信系统模型由五大部分组成，即信源、调制器、信道、解调器、信宿。

图 1−6　模拟通信系统模型

与通信系统一般模型相对比，细化模拟通信系统模型后可知，把一般模型中的发送设备具体化为一个调制器，此时接收设备则变成了解调器。调制器的功能包括调制和混频放大，解调器的功能包括混频放大和解调。其中调制又分为不同类型，调频、调幅、调相，这都是调制的基本方式。

模拟通信系统中有两个重要的变换：

（1）发送端的原始消息变换成原始电信号。原始电信号又叫基带信号，也就是说我们把信息源输出的信号称为基带信号。

（2）从基带信号到已调信号的变换。经过调制器调制后的信号是已调信号，已调信号就是适合信道传输的信号，已调信号常称为频带信号或带通信号。

已调信号有两个基本特征，一个是已调信号应该携带着我们传递的消息，另一个是适合在信道中传输。

从图1-6中可知，首先将信源的连续消息变成原始电信号（完成第一次变换）；然后将原始电信号经调制器变换成其频带适合信道传输的信号，得到已调信号（完成第二次变换）；在接收端经解调器解调及还原成原始消息两次反变换，最终得到发送端发送的连续消息。

关注一个模拟通信系统时，我们特别关心的是接收端的信噪比，由于模拟信号幅度取值连续且有无穷个状态，对于模拟通信系统来讲，希望信息不失真，波形不失真，信息是寄托在波形之中的。对于模拟通信系统来讲，追求的最大目标就是输出波形与输入波形要一致、不失真。在实际中结果是不可能实现的。假设在发端发送了一个模拟信号，在信号的传递过程中是存在干扰的，目标是收端收到的信号和发端是一样的，在实际中结果是不可能实现的，因为干扰会叠加在信号上。因此，从发端发出的波形和收端收到的波形是不一致的。

模拟通信系统

1.3.3　数字通信系统

图1-7为数字通信系统模型，从中可以看出，由信源、编码器、调制器、传输媒介、解调器、译码器、信宿几大部分组成。其中编码器包括信源编码器和信道编码器，译码器又包括信道译码器和信源译码器。

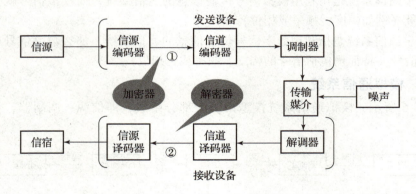

图1-7　数字通信系统模型

对比数字通信系统模型与模拟通信系统模型相可知，调制器细化为信源编码器、信道编码器和调制器，这三个模块组成了发送端。解调器细化为解调器、信道译码器和信源译码器，这三个模块组成了接收端。它们的功能如下。

1. 信源

把各种消息转换成原始的电信号，根据信息源的类型不同，可以分为模拟信息源和数字信息源。模拟通信系统中的信息源只能是模拟信息源，而数字通信系统中的信息源可以是数字信息源也可以是模拟信息源。所以如语音、图像等模拟信号既可以通过模拟通信系统传输，也可以通过数字通信系统进行传输。

2. 信源编码器

对于模拟信息源，需要对模拟信号进行模数转换，即把模拟信号转换为数字信号，对数据进行压缩，尽量减少冗余信息，也就是说用尽可能少的二进制数字来表示消息，提高信息传输的有效性。

3. 信道编码器

在数字通信系统中，往往存在码元传输错误的情况，如发送的是 1 码，在接收端收到的是 0 码。错码的增加会使误码率增大，导致传输的可靠性下降，信道编码的目的就是降低误码率，提高信息传输的可靠性。信道编码的基本思想：发端按特定的规则加入保护码元，来提高信息序列抗信道干扰的能力，收端进行相应的译码，以纠正传输过程中引入的错误。

4. 调制模块

输入调制器的数字信号序列称为基带数字信号，调制是用基带信号对载波信号特定参数进行控制，调制载波的幅度、频率和相位，以实现有用信息的寄载，并将基带信号的频谱搬移到合适的频段，从而适应信道的传输。

数字通信系统的接收端是发送端的逆过程，解调是从接收信号波形的幅度、频率和相位中提取信息，恢复二进制数字序列。

5. 信道译码器

对序列进行检错和纠错，减少或消除由于信道干扰引起的差错，去除冗余。

6. 信源译码器

其作用是从信道译码输出的序列中还原出原始的消息信号。

7. 信宿

把原始电信号还原成人或机器可以接收的消息。

除了上述模块外，还需要同步模块。同步是保证数字通信系统能够正常工作的前提条件。为了保证传输的安全性，有些系统会有加密和解密模块，经过信源编码的信号通常会进行加密，加密模块位于信源编码后，解密模块位于信道译码后。

数字通信系统

数字通信系统相对复杂，那么它有哪些优势呢？

（1）抗干扰能力强，不积累噪声。通过再生技术消除噪声的积累，即抽样判决再生，传输距离与质量无关。

（2）易于采用纠错编码控制传输差错。所谓纠错编码也就是信道编码，通过引入保护的这样的码元来减小传输错误的概率。

（3）易于加密处理，且保密度高。相对模拟通信系统，数字通信系统更易于加密，保密性更强。

（4）便于处理、变换和存储。正是因为这样的特点，在一定阶段上大大推动了通信的发展，数字信号处理的技术和数字信号处理器的处理能力也为数字通信性能的提升提供了非常好的基础。

（5）有综合传输功能。可以将来自不同信源的信号综合到一起传输，使微信和 QQ 功能强大，既可以传输语音，也可以传输文件。

想一想

模拟信号经过抽样之后的信号是数字信号吗？

1.4 通信网

1.4.1 通信网的基本概念

通信技术的发展

通信网是指在分处异地的用户之间传递信息的系统，其中属于电磁系统的也称为电信网，是由相互依存、相互制约的许多要素组成的一个有机整体，可以完成规定的功能。

通信网是能够将各种语言、声音、图像、文字、数据、视频等媒体变换成电信号，并且在任何两地间的任何两个人、两个通信终端设备、人和通信终端设备之间，能够按照预先约定的规则进行传输和交换的一种网络。

通信网的特点是通信双方既可以进行语音的交流，也可以交换和共享数据信息。

通信网由终端设备、传输设备、交换设备三部分组成。

1.4.2 通信网的分类

1. 按功能分类

通信网按功能可以分为业务网、信令网、同步网和管理网。

（1）业务网即用户信息网，是通信网的主体，是向用户提供各种通信业务的网络，例如电话、电报、数据和图像等。

（2）信令网是实现网络节点间信令的传输和转接的网络。

（3）同步网是实现数字设备之间时钟信号同步的网络。

（4）管理网是为提高全网质量和充分利用网络设备而设置的，实现尽可能多的通信业务。

后三种网络又称为三大支撑网。

2. 按业务类型分类

按业务类型，通信网可分为电话网、广播电视网和数据通信网。电话网是传输电话业务的网络；广播电视网是传播广播电视业务的网络；数据通信网则是指传输数据业务的网络。

3. 按服务范围分类

按服务范围，通信网可分为本地通信网、市话通信网、长话通信网和国际通信网。

4. 按传输信号形式

按传输信号形式，通信网可分为模拟网和数字网。模拟网中传输和交换的是模拟信号，而数字网中传输和交换的是数字信号。

5. 按运营方式分类

按运营方式，通信网可分为公用通信网和专用通信网。公用通信网是由国家通信部门组建的网络，网络内的传输和转接装置可供任何部门使用；而专用通信网是某个部门为本系统特殊工作的需要而建造的网络，这种网络不允许其他部门使用。

6. 按传输媒介分类

通信网

按传输媒介,通信网可以分为有线通信网和无线通信网。使用双绞线、同轴电缆和光纤等传输信号的网络即为有线通信网;无线通信网就是使用无线电波等在空间传输信号的通信网。

总结与评价

通过对本任务的学习,学生可以了解信号、消息与信息等通信的相关概念,熟悉信号的分类,掌握通信系统构成及通信网络的分类。

考核评价

考核项目	权值	考核内容		评分
职业素养	5%	迟到、早退		
	10%	执着专注、精益求精、一丝不苟		
技能目标	20%	通信系统模型	通信系统一般模型	
	20%		模拟通信系统模型	
	20%		数字通信系统模型	
	20%	通信网	通信网种类	
知识拓展	5%	想一想	经过调制后的信号是否称为离散信号	
合计				

任务2 常用连续信号的实现

本任务有助于学生了解信号的产生过程,注重动手能力,以及独立思考问题能力的培养。

任务目的

(1)运用 LabVIEW 软件,编写 VI 程序,生成连续时间信号。

(2)编写 VI 程序,分析正弦信号的频域、时域波形。

(3)掌握 Express 控件的使用方法。

(4)掌握结构函数、定时函数的应用方法。

(5)培养学生勤于动手的能力、团队协作精神和创新意识。

任务要求

运用信号发生器产生常用的连续时间信号，如正弦波、锯齿波、三角波。

（1）编写 VI 程序，实现正弦波的生成，通过调整相关参数，如幅度、频率、相位，观察波形变化情况，并完成频域、时域分析。同时完成数据流检测，保存 VI 名：正弦波信号的生成与分析。

（2）编写 VI 程序，实现锯齿波的生成，通过调整相关参数，如幅度、频率、相位，观察波形变化情况，并完成频域、时域分析。同时完成数据流检测，保存 VI 名：锯齿波信号的生成与分析。

LabVIEW 基本
操作界面

（3）编写 VI 程序，实现三角波的生成，通过调整相关参数，如幅度、频率、相位，观察波形变化情况，并完成频域、时域分析。同时完成数据流检测，保存 VI 名：三角波信号的生成与分析。

2.1 任务主要步骤

（1）打开 LabVIEW 软件，单击文件→新建 VI，保存文件名为正弦波信号的生成与分析。

（2）在前面板的控件选板中，找到新式→图形→波形图；再选择新式→布尔→开关。

三种选板的基本操作

（3）在程序框图的函数选板中，找到编程→结构→While 循环。

（4）在程序框图的函数选板中，找到信号处理→波形生成→仿真信号，在仿真信号的属性中选择正弦波信号。

（5）在程序框图的函数选板中找到编程→定时→时间延迟。

（6）在程序框图的函数选板中找到 Express→信号分析→频谱测量。

（7）调试运行新建的 VI 程序，实现正弦波信号的程序框图，如图 2-1 所示，前面板显示如图 2-2 所示。

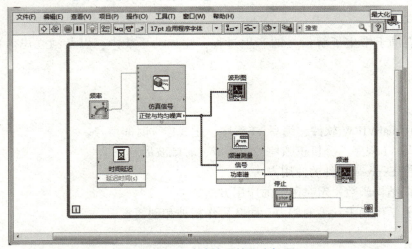

图 2-1 正弦波信号的程序框图

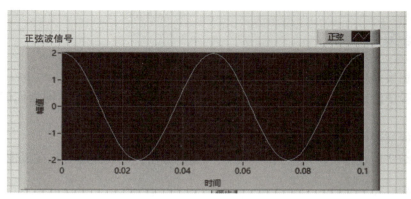

图 2 – 2　正弦波信号的前面板显示

（8）图 2 – 3 为锯齿波信号的程序框图，图 2 – 4 为锯齿波信号的前面板显示。

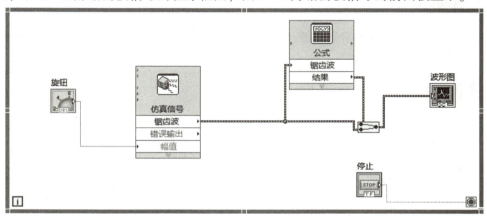

图 2 – 3　锯齿波信号的程序框图

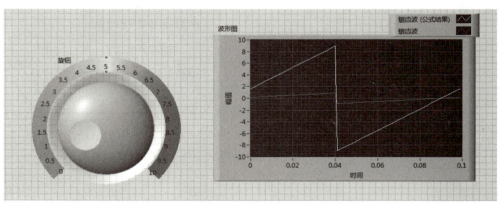

图 2 – 4　锯齿波信号的前面板显示

实验三连续信号的产生

2.2 任务报告要求

（1）根据实验任务与步骤完成全部的实验内容。

（2）实验中给出了连续时间信号－正弦信号、锯齿波的实现，请同学们试着生成三角波信号。

（3）变换实验中的参数，观察波形变化情况。

（4）总结实验过程中出现的问题和解决问题的方法，将其整理后写在报告中。

做一做

搭建正弦信号的系统框图，试着生成三角波信号。

总结与评价

通过对本任务的学习，学生能够运用虚拟仪器软件生成正弦信号、锯齿波信号和三角波信号，还能够分析相关参数。

考核评价

考核项目	权值	考核内容		评分
职业素养	5%	迟到、早退		
	10%	动手操作能力、创新意识、团队协作		
技能目标	20%	正弦波信号	搭建正弦波信号程序框图	
	20%		生成正弦波信号	
	20%	锯齿波信号	搭建锯齿波信号程序框图	
	20%		生成锯齿波信号	
知识拓展	5%	做一做	生成给定参数的三角波信号	
合计				

模块 2

TCP/IP 基础

任务 3　网络模型

本任务主要介绍网络拓扑结构、OSI 参考模型和 TCP/IP 协议。

任务目的

（1）能够掌握 OSI 参考模型及各层功能。
（2）能够运用各层特点分析通信网络。
（3）培养学生追求卓越的精神、一丝不苟的学习态度。

任务要求

本任务主要介绍网络拓扑结构和网络参考模型，具体要求如下：
（1）掌握网络拓扑类型。
（2）网络参考模型及各层作用。
（3）在学习过程中不断提升职业素养、知识技能。

3.1　网络拓扑结构

计算机通信网也称为计算机网络，是指将地理位置不同的具有独立功能的多台计算机及其外部设备，通过通信线路连接起来，以功能完善的网络软件（网络协议、信息交换方式、控制程序和网络操作系统）实现网络的资源共享和信息传递的系统。其主要功能是对生活中不同的数据信息进行沟通和传输。其能够在通过一些规定好的协议内，利用自身技术实现两个设备的通话和信息交互，还能够完整实现资源共享功能。简单地说，网络拓扑结构就是一些相互连接的、以共享资源为目的的、自治的计算机的集合。

网络拓扑结构是用传输介质互连各种设备的物理布局，在给定计算机终端位置及保证一定的可靠性、时延、吞吐量的情况下所选择的使整个网络成本最低的合适的通路、线路容量以及流量分配。其也是指计算机的连接方式。

所谓拓扑是指网络的形状，是以终端为点，传输为线组成的几何图形，反映网络设备物理上的连接性。拓扑结构直接决定网络的性能、可靠性和经济性。电信网拓扑结构是描述交换设备间、交换设备与终端间邻接关系的连通图。网络拓扑结构形式主要有：网状网、星状网、复合网、总线网、环状网和蜂窝网等。

1. 网状网

网络中任何两个节点之间都有直达链路相连（图3-1），实际生活中的广域网基本采用这种拓扑结构。图3-2表明了该网中任何两个节点之间都有直达链路相连接，因此在建立通信的过程中不需要进行任何形式的转接。

如果网络中的节点数为N，连接网络的链路数为H，则有$H = N(N-1)/2$。网状网型网络拓扑结构的特点是信息传递快、灵活性大、可靠性高、交换费用低，但是建设和维护费用较高，电路利用率低。其主要适用于节点数少、通信量大的网络。

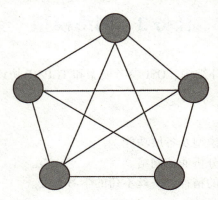

图3-1　网状网型网络拓扑结构

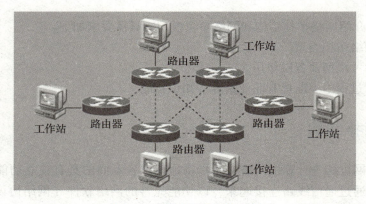

图3-2　网状网型拓扑实例

2. 星状网

星状网是以中央节点为中心，把网络中各节点上的设备连接起来，使各节点呈星状分布的网络连接方式，如图3-3所示。也就是说，它是在地区中心设置一个中心通信点，使地区内的其他通信点都与中心通信点有直达电路，而其他通信点之间的通信都经中心通信点转接。其应用实例如图3-4所示。

如果网络中的节点数为 N，连接网络的链路数 H，则有 $H = N - 1$。星状网型网络拓扑结构的特点是建设和维护费用少、电路利用率高、可以实现一次转接，但是可靠性低、交换成本高、相邻节点之间的传输距离长。其主要适用于通信点分散、距离远、通信量不大的通信网络。

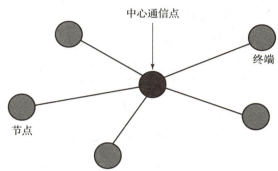

图 3 - 3　星状网型网络拓扑结构

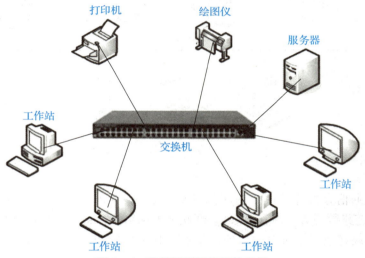

图 3 - 4　星状网型网络拓扑实例

3. 复合网

复合网又称为辐射汇接网，是以星状网为基础，在通信量较大的地区间构成的网状网。如图 3 - 5 所示，复合网兼具网状网和星状网二者的优点，比较经济合理，且有一定的可靠性，是目前通信网的基本结构形式。我国电话网一般采用的是复合网的结构形式，而且把交换设备根据其所处位置的不同进行了等级划分，采用的是等级结构。

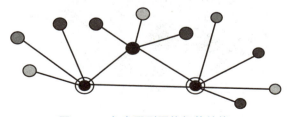

图 3 - 5　复合网型网络拓扑结构

4. 总线网

总线网中所有的站点共享一条数据通道（图3-6），其拓扑结构的特点是安装简单方便，需要铺设的电缆最短、成本低，某个站点的故障一般不会影响整个网络，但如果总线故障会导致网络瘫痪，安全性相对较低，监控比较困难，而且增加新站点也不如星状网方便。其主要应用于计算机局域网，如图3-7所示。

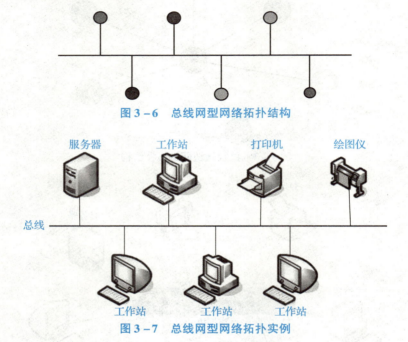

图3-6 总线网型网络拓扑结构

图3-7 总线网型网络拓扑实例

5. 环状网

各站点通过通信介质连成一个封闭的环形，如图3-8所示。如果网络中的节点数为 N，连接网络的链路数为 H，则有 $H = N$。环状网型网络拓扑结构的特点是容易安装和监控，但容量有限，网络建成后，难以增加新的站点。其主要应用于光纤通信网络中，如图3-9所示。

图3-8 环状网型网络拓扑结构

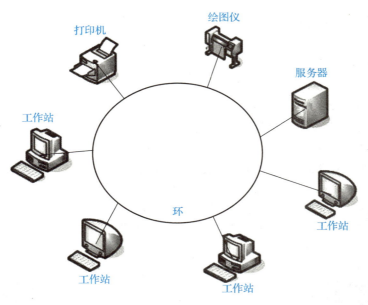

图 3-9　环状网型网络拓扑实例

6. 蜂窝网

蜂窝网是正六边形的，网络中的各节点连在一起，像蜂窝的形状，如图 3-10 所示。其是无线局域网中常用的结构，以无线传输介质（微波、卫星、红外等）点到点和多点传输为特征，适用于城市网、校园网、企业网，如图 3-11 所示。

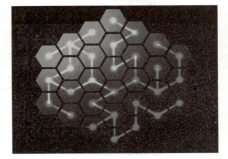

图 3-10　蜂窝网型网络拓扑结构

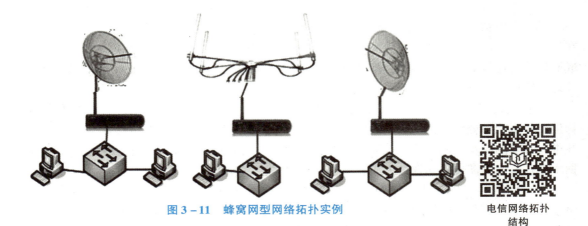

图 3-11　蜂窝网型网络拓扑实例

电信网络拓扑
结构

想一想

什么场景适合使用总线网型网络拓扑?

3.2 OSI 参考模型

国际标准化组织（ISO）于 1980 年 12 月发表了第一个草拟的开放系统互连参考模型 OSI/RM 的建议书。1984 年该参考模型成为正式的国际标准 ISO 7498。OSI 参考模型共有七层，其数据流向是在发送方层层打包，接收方层层拆包。

OSI 参考模型从低到高分为物理层、链路层、网络层、传输层、会话层、表示层和应用层。其中物理层、链路层、网络层称为网络功能协议，主要提供网络服务。每个网络节点都必须有实现这些功能的协议。而上面的四层（从传输层到应用层）称为高层服务协议，它们是为终端用户提供服务的，只与终端用户相关，如图 3-12 所示。

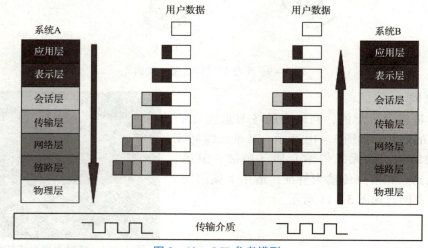

图 3-12 OSI 参考模型

（1）物理层，物理层利用物理媒介（双绞线、同轴电缆、光缆、无线电信道等）来传递信息。在由物理通信信道连接的任一对节点之间，提供一个传送比特流的虚拟比特管道，在发端它将从高层接收的比特流变成适合于物理信道传输的信号，在收端再将该信号恢复成所传输的比特流。在这一层，数据是没有被组织起来的，只是作为原始的位流或者电压处理，单位是位（b）。

（2）链路层，也叫数据链路层。负责在相邻的两个数据节点之间可靠地传输数据帧。物理层并不能保证信息传递的正确性，它并不进行差错保护。而链路层负责数据帧的传送，并进行必要的同步控制、差错控制和流量控制。在传送数据时，如果接收方检测到所传数据中存在差错，需要通知发送方重新发送这一帧。

（3）网络层，网络层实现节点间数据包的传输，处理通信拥塞和介质传输速率等问题。该层的基本功能是把网络中的节点和数据链路有效地组织起来，为终端系统提供透明的传输路径，网络层通常分为两个子层：网内子层和网际子层。网内子层解决子网内分组的路由、寻址和传输问题；网际子层解决分组跨越不同子网的路由选择、寻址和传输问题。

（4）传输层，该层提供节点之间可靠的数据传输，负责数据格式的转换。传输层可以视为用户和网络之间的"联络员"。它利用低三层所提供的网络服务向高层提供可靠的端到端的透明数据传送；根据发端和终端的地址定义一个跨过多个网络的逻辑连接，并完成端到端的差错纠正和流量控制。它还可以使两个终端系统之间传送的数据单元无差错，无丢失或重复，无次序颠倒。

（5）会话层，会话层在应用程序之间建立连接和会话，并验证用户身份。负责控制两个系统的表示层（第六层）实体之间的对话。它的基本功能是向两个表示层实体提供建立和使用连接的方法，而这种表示层之间的连接就叫作"会话"。

（6）表示层，表示层转换特定设备的数据和格式，使通信与设备无关。该层负责定义信息的表示方法，并向应用程序和终端处理程序提供一系列的数据转换服务，以使两个系统用共同的语言来通信。

（7）应用层，应用层提供网络与最终用户之间的界面。该层是最高的一层，直接向用户提供服务，它为用户进入 OSI 环境提供了一个窗口。应用层包含了管理功能；同时，它也提供了一些公共的应用程序，如文件传送、作业传送等。

OSI 参考模型

3.3　TCP/IP 协议

TCP/IP 是指用于互联网上机器间通信的协议集（协议是为了进行网络数据交换而建立的规则、标准或约定）。它能使任何具有计算机、调制解调器（Modem）和互联网服务提供者的用户能访问和共享互联网上的信息。

TCP/IP 是 Transmission Control Protocol/Internet Protocol 的简写，中文译名为传输控制协议/互联网互联协议，又名网络通信协议，是互联网中最基本的协议、互联网国际互联网络的基础，由网络层的 IP 和传输层的 TCP 组成。TCP/IP 协议定义了电子设备如何连入互联网，以及数据如何在它们之间传输的标准。该协议采用了 4 层的层级结构，如表 3－1 所示。每一层都使用下一层所提供的协议来实现自己的需求。

表 3－1　TCP/IP 协议四层参考模型

应用层	TELNET	ETP SMTP	TFTP SNMP	DNS NFS、HTTP
				Others
传输层	TCP		UDP	
网络互联层	IP、ICMP、ARP、RARP			
网络接口层	Ethernet	Token Ring		Others

（1）网络接口层。

网络接口层负责从主机或节点接收 IP 分组，然后发送到指定的物理网络上。包括用于协作 IP 数据在已有网络介质上传输的协议。实际上 TCP/IP 标准并不定义与 ISO 数据链路层和物理层相对应的功能。相反，它定义如地址解析协议（Address Resolution Protocol，ARP）这样的协议，提供 TCP/IP 的数据结构和实际物理硬件之间的接口。

（2）网络互联层。

对应于 OSI 七层参考模型的网络层。本层包含 IP、RIP（Routing InformationProtocol，路由信息协议），负责数据的包装、寻址和路由。其还包含网间控制报文协议（Internet Control Message Protocol，ICMP）用来提供网络诊断信息。网络互联层是整个体系结构的关键部分，主要功能是使主机把分组发往任何网络，并使分组独立地传向目的地。

（3）传输层。

对应于 OSI 七层参考模型的传输层，它提供两种端到端的通信服务，如图 3 – 13 所示。其中 TCP（Transmission Control Protocol）提供可靠的数据流运输服务，TCP 报文格式如图 3 – 14 所示。UDP（User Datagram Protocol）提供不可靠的用户数据报服务，UDP 格式如图 3 – 15 所示。UDP 数据报首部的格式如图 3 – 16 所示。

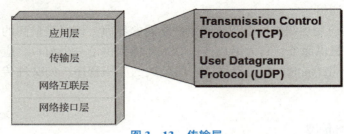

图 3 – 13　传输层

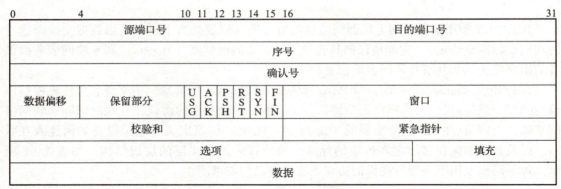

图 3 – 14　TCP 报文格式

字节数	2	2	2	2
	源端口号	目的端口号	长度	校验和

图 3 – 15　UDP 格式

字节数	4	4	1	1	2
	源IP地址	目的IP地址	0	17	UDP数据报长度

图 3 – 16　UDP 数据报首部的格式

（4）应用层。

对应于 OSI 七层参考模型的应用层和表达层。其主要提供了远程访问和资源共享，如图 3 – 17 所示。互联网的应用层协议包括 Finger、Whois、FTP（文件传输协议）、Gopher、HTTP（超文本传输协议）、Telent（远程终端协议）、SMTP（简单邮件传送协议）、IRC（因特网中继会话）、NNTP（网络新闻传输协议）等。

应用层

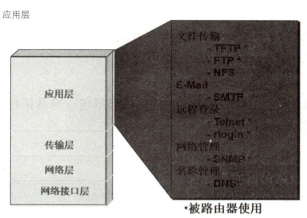

图 3－17　应用层

图 3－18 和图 3－19 分别对比了 OSI 和 TCP/IP 模型的区别。

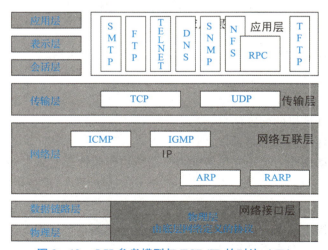

图 3－18　OSI 参考模型与 TCP/IP 的对比（一）

图 3－19　OSI 参考模型与 TCP/IP 的对比（二）

TCP/IP 协议

做一做

请同学们查阅资料，找到 IP 的数据格式，自主学习。

总结与评价

通过对本任务的学习，学生能够根据不同使用场景进行网络拓扑规划，能够运用 TCP/IP 协议分析网络。

考核评价

考核项目	权值	考核内容		评分
职业素养	5%	迟到、早退		
	10%	一丝不苟、认真、自主学习的能力		
技能目标	10%	网络拓扑	网络拓扑结构的类型、特点	
	15%		能够根据网络拓扑特点，在不同场景选择合适的拓扑	
	20%	系统模型	OSI 参考模型	
	20%		TCP/IP 模型	
	10%		TCP、UDP 数据格式	
知识拓展	10%	做一做	IP 格式	
合计				

任务 4　常用网络管理命令

本任务介绍了运行网络管理命令进行网络连通测试、路由追踪、网络状态查询等。

任务目的

（1）能够查看计算机的配置信息。

（2）学会查看计算机网卡是否正常。

（3）培养学生动手能力、独立思考能力、团队协作精神。

任务要求

（1）采用命令提示符查看计算机的配置信息及含义。

（2）在命令提示符中查看计算机网卡是否正常。

（3）掌握计算机配置信息的主要操作步骤。

4.1　查看计算机的配置信息

地址配置命令 ipconfig 的主要操作步骤如下：

（1）单击计算机中的"开始"按钮，在搜索框中输入"运行"，打开运行对话框，如图 4－1 所示。

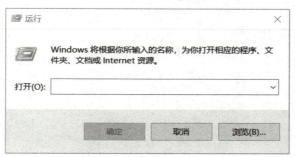

图 4－1　运行对话框

（2）先在运行对话框中输入"cmd"，然后单击"确定"按钮，如图 4－2 所示。

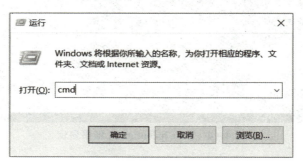

图 4－2　在运行对话框输入文字

（3）在新弹出的对话框中输入"ipconfig"，执行 ipconfig 命令可查询 IP 配置信息。ipconfig 是调试计算机网络时常用的命令，通常用来显示计算机中网络适配器的 IP 地址、子网掩码及默认网关等信息。其操作结果如图 4－3 所示。

图 4－3　执行命令 ipconfig 结果显示

（4）在新弹出的对话框中输入"ipconfig/all"，执行 ipconfig/all 命令。ipconfig/all 用于显示有关 IP 地址的所有配置信息，如查询主机的 MAC 地址等。其操作结果如图 4 - 4 所示。

图 4 - 4　执行 ipconfig/all 结果显示

4.2　网络测试命令的使用

下面以访问百度网址为例，在命令提示对话框中使用"ping"命令，输入百度网址（www. baidu. com）查看。从图 4 - 5 中可以看出数据包发送数据并接收数据，数据丢失为 0，说明网络正常。

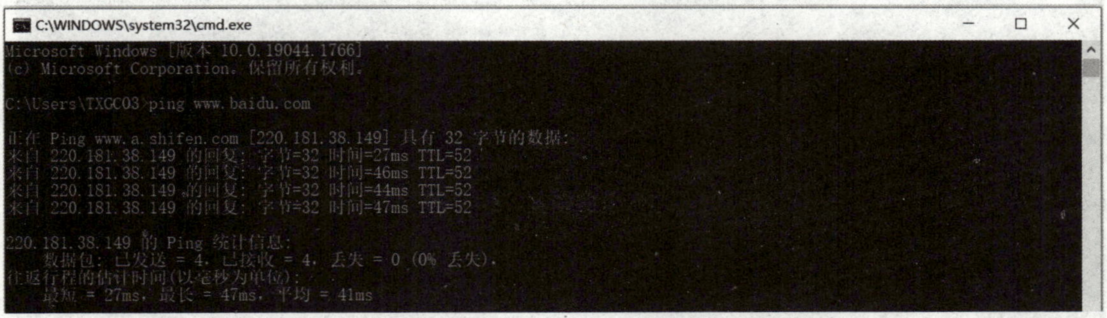

图 4 - 5　查看网络

从结果可以看出，发送 4 个数据包，共回收到 4 个，丢失 0 个，占比 0%，发送时间可概括为：最快回收时间为 27 ms，最慢回收时间 47 ms，平均时间为 41 ms。由此可以得出结论，本地计算机 TCP/IP 的设置正确，网卡工作正常。

网络测试指令的使用

想一想

有没有其他查看计算机配置信息的方法？

4.3　路由追踪命令 tracert

4.3.1　路由追踪命令 tracert 简介

该命令用来显示数据包到达目标主机所经过的路径，并显示到达每个节点的时间，即了解用户应该如何到达目标地点。

（1）用法：tracert［－d］［－h maximum_hops］［－j host－list］［－w timeout］
　　　　　　　［－R］［－S srcaddr］［－4］［－6］target_name

（2）选项：

－d	不将地址解析成主机名。
－h maximum_hops	搜索目标的最大跃点数。
－j host－list	与主机列表一起的松散源路由（仅适用于 IPv4）。
－w timeout	等待每个回复的超时时间（以毫秒为单位）。
－R	跟踪往返行程路径（仅适用于 IPv6）。
－S srcaddr	要使用的源地址（仅适用于 IPv6）。
－4	强制使用 IPv4。
－6	强制使用 IPv6。

4.3.2　举例

在命令提示符中输入"tracert www. baidu. com"，显示结果如图 4－6 所示。

```
C:\WINDOWS\system32\cmd.exe                                      —  □  ×
Microsoft Windows [版本 10.0.19044.1889]
(c) Microsoft Corporation。保留所有权利。

C:\Users\TXGC03>tracert www.baidu.com

通过最多 30 个跃点跟踪
到 www.a.shifen.com [220.181.38.149] 的路由：

  1    1 ms    7 ms    3 ms  192.168.1.1 [192.168.1.1]
  2   18 ms   12 ms   14 ms  10.0.16.1 [10.0.16.1]
  3    6 ms    2 ms    3 ms  219.149.237.221
  4    9 ms    3 ms    3 ms  219.149.237.61
  5     *       *       *    请求超时
  6     *       *       *    请求超时
  7     *       *       *    请求超时
  8     *       *       *    请求超时
  9   25 ms   21 ms   22 ms  220.181.182.170
 10     *       *       *    请求超时
 11     *       *       *    请求超时
 12     *       *       *    请求超时
 13     *       *       *    请求超时
 14   28 ms   22 ms   26 ms  220.181.38.149

跟踪完成。
```

图 4－6　tracert 命令显示结果

4.4　路由跟踪命令 pathping

4.4.1　路由跟踪命令 pathping 简介

该命令用来跟踪在源和目标之间的中间跃点处网络滞后和网络丢失的详细信息，即了解用户所选路径的状况。

（1）用法：pathping［－g host－list］［－h maximum_hops］［－i address］［－n］
　　　　　　　　　［－p period］［－q num_queries］［－w timeout］
　　　　　　　　　［－4］［－6］target_name

（2）选项：

－g host－list	与主机列表一起的松散源路由。
－h maximum_hops	搜索目标的最大跃点数。
－i address	使用指定的源地址。
－n	不将地址解析成主机名。
－p period	两次 ping 之间等待的时间（以毫秒为单位）。
－q num_queries	每个跃点的查询数。
－w timeout	每次回复等待的超时时间（以毫秒为单位）。
－4	强制使用 IPv4。
－6	强制使用 IPv6。

4.4.2　举例

在命令提示符中输入"pathping www. 163. com"，显示结果如图 4－7 所示。

图 4－7　pathping 命令显示结果

4.5　netstat 命令

netstat 是一个控制台命令，利用 netstat 可以了解主机与互联网的连接状况，其作用是监控本机的 TCP/IP 网络，并以此来获得路由表、网络连接以及所有网络接口设备的状态信息。一般情况下，主要使用 netstat 命令显示与 IP、TCP、UDP 和 ICMP 相关的统计数据，检验本机各端口的网络连接情况。比如，用户在使用计算机时，如果连接到了网络，或多或少会因接收到的数据包导致出错数据或故障，在正常量的情况下，TCP/IP 可以容许这些类型的错误，并且能够自动重新发送数据包。但是如果累计的出错情况数占所接收 IP 数据报的百分比过大，而且数字还在不断增加，就要进入控制台，使用 netstat 命令查看出现问题的连接端口。该命令的主要功能是让用户了解自己的主机是怎样与互联网相连接的。其使用格式为：netstat［1］［−an］［−r］［−s］。

1. 格式 netstat 1

功能：显示本机中活动的 TCP 连接，如图 4 − 8 所示。

图 4 − 8　执行 netstat 1 结果显示

2. 格式 netstat − an

功能：显示所有连接的端口并用数字表示，如图 4 − 9 所示。

图 4 − 9　执行 netstat − an 结果显示

3. 格式 netstat -r

功能：可以显示关于路由表的信息，类似于使用 routeprint 命令时看到的信息。其除了显示有效路由外，还显示当前有效的连接，如图 4-10 所示。

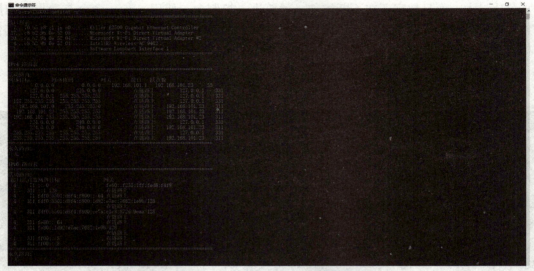

图 4-10　执行 netstat -r 结果显示

4. 格式 netstat -s

功能：显示每个协议的使用状态，指令执行如图 4-11~图 4-14 所示。

图 4-11　执行 netstat -s 结果显示（一）

图 4-12　执行 netstat -s 结果显示（二）

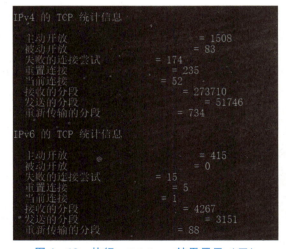

图 4-13　执行 netstat -s 结果显示（三）

图 4-14　执行 netstat -s 结果显示（四）

做一做

查阅资料，了解网络状态命令 netstat 的作用，并尝试在命令提示符中进行路由跟踪。

总结与评价

通过对本任务的学习，学生能够运用网络管理命令测试网络连通性，进行路由追踪和网络状态查询等。

考核评价

考核项目	权值	考核内容		评分
职业素养	5%	迟到、早退		
	15%	动手操作能力、创新意识、团队协作		
技能目标	10%	网络管理命令	掌握 ipconfig/all 命令的使用方法	
	10%		掌握 ping 命令的使用方法	
	20%		掌握 tracert 命令的使用方法	
	20%		掌握 pathping 命令的使用方法	
知识拓展	20%	做一做	学习使用 netstat 命令	
合计				

模块 3

网络安全

任务 5　网络安全概述

本任务主要了解网络安全的重要性及主要威胁因素，IPSec 安全传输技术和 VPN 相关知识。

任务目的

（1）能够掌握 IPSec 安全传输技术。
（2）培养学生执着专注、爱岗敬业、热情奉献的劳动精神。

任务要求

本任务主要介绍信号与系统的基本概念和分析方法，有以下基本要求：
（1）掌握网络安全的重要性。
（2）掌握 IPSec 安全传输技术。
（3）掌握 VPN 技术。

5.1　网络安全的重要性

网络是信息社会的基础，已经进入社会各处，经济、文化、军事和社会生活越来越多地依赖计算机网络。然而，开放性的网络在给人们带来很大便利的同时，应如何保证其安全性？如今，通信网络的安全性成为信息化建设的一个核心问题。通信网络中存储、传输和处理的信息多种多样，许多是重要信息，甚至是国家机密，例如政府宏观调控决策、商业经济信息、股票证券、科研数据等重要信息。网络安全漏洞可能会导致信息泄露、信息窃取、数据篡改、数据破坏、计算机病毒发作、恶意信息发布等事件的发生，由此造成的经济损失和社会危害难以估量。

互联网已经渗入生活的方方面面，如果没有网络安全，就没有国家安全，在通信网络安全事件频发的情况下，网络信息安全已经上升至国家战略高度。尽管网络的重要性已经被人们广泛认同，但大家对通信网络安全的忽视仍很普遍，缺乏通信网络安全意识的状况仍然十分严峻。许多企事业单位极为重视网络硬件的投资，但没有意识到通信网络安全的重要性，对通信网络安全不够重视，投入资金较少。这也使目前不少通信网络系统都存在先天性的安全漏洞和风险，有些甚至造成了非常严重的后果。

想一想

你遇到过哪些与网络安全相关的事？

计算机中了病毒，出现 QQ 被盗用的情况，使用手机下载 App 的时候遇到恶意捆绑的软件等，都属于网络安全事件。网络安全事件（图 5 – 1）与每个人的生活息息相关。

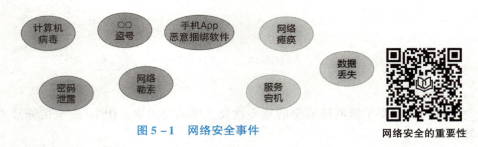

图 5 – 1　网络安全事件

网络安全的重要性

5.1.1　网络脆弱的原因

随着科技的不断发展，越来越多新的应用不断加入网络中，互联网的广泛应用以及人员安全意识不足，都使网络安全的重要性尤为重要。互联网的美妙之处在于你和每个人都能互相连接，互联网的可怕之处在于每个人都能和你互相连接。网络变得脆弱的原因如下：

（1）开放性的网络环境。

（2）协议本身的缺陷。

（3）操作系统的漏洞。

（4）人为因素。

5.1.2　网络安全的重要性

网络应用已渗透到现代社会生活的各个方面，电子商务、电子政务、电子银行等无不关注网络安全；至今，网络安全不仅成为商家关注的焦点，也是技术研究的热门领域。

安全性是互联网技术中最为关键也很容易被忽略的问题。许多组织在使用网络的过程中未意识到网络安全的重要性，直到受到了资料安全的威胁后，才开始重视这个问题并试图采取相应措施。网络安全威胁（图 5 – 2）离我们并不遥远，因此，在网络被广泛使用的今天，更应该了解网络安全，做好防范措施，使网络信息具有保密性、完整性和可用性。

查一查

请同学们查阅关于网络安全的著名事件。

我国部分高校和大型企业的内网也遭受过病毒的攻击。事实上，这样的案例不胜枚举，而且计算机犯罪案件有逐年增加的趋势。

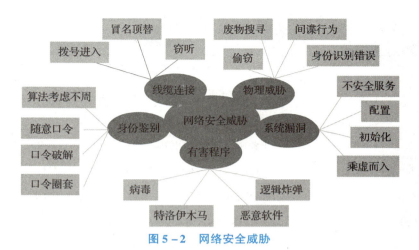

图 5－2　网络安全威胁

据美国的一项研究显示，全球互联网每 39 秒就发生一次黑客事件，其中大部分黑客没有固定的目标。

因此，通信网络系统必须有足够强大的安全体系，无论是局域网还是广域网，无论是单位还是个人，通信网络安全的目标是全方位防范各种威胁以确保网络信息的保密性、完整性和可用性。

ARP

5.1.3　网络安全威胁

人为疏忽、网络软件的漏洞、非授权访问、信息泄露或丢失以及破坏数据完整性是给网络安全造成威胁的主要原因。

（1）人为疏忽。

人为疏忽包括失误、失职、误操作等。这些可能是工作人员对安全的配置不当、不注意保密工作、密码选择不慎重等造成的。

（2）网络软件的漏洞。

网络软件的缺陷和漏洞为黑客提供了攻击机会。而软件设计人员为了方便自己而设置的后门，一旦被攻破，其后果也是不堪设想。

（3）非授权访问。

非授权访问是没有访问权限的用户以非正当的手段访问数据信息。非授权访问事件一般发生在存在漏洞的信息系统中，黑客使用专门的漏洞利用程序（Exploit）来获取信息系统访问权限。

（4）信息泄露或丢失。

信息泄露或丢失是指敏感数据被有意或无意地泄露出去或丢失，通常包括：信息在传输或保存的过程中丢失或泄露，比如数据明文存储这种方式就比较容易导致信息泄露。

（5）破坏数据完整性。

破坏数据完整性是指以非法手段窃得对数据的使用权，删除、修改、插入或重发某些信息，恶意添加、修改数据，以干扰用户的正常使用。

网络安全威胁的类型及其情况描述如表 5－1 所示。

表 5 - 1   网络安全威胁的类型及其情况描述

威胁类型	情况描述
窃听	网络中传输的信息被窃听
讹传	攻击者获得某些信息后，发送给他人
伪造	攻击者将伪造的信息发送给他人
篡改	攻击者对合法用户之间的通信信息篡改后，发送给他人
非授权访问	通过口令、密码和系统漏洞等手段获取系统访问权
截获/修改	网络系统中的数据被截获、删除、修改、替换或破坏
拒绝服务攻击	攻击者以某种方式使系统响应减慢，阻止用户获得服务
行为否认	通信实体否认已经发生的行为
旁路控制	攻击者发掘系统的缺陷或安全脆弱性
截获	攻击者从设备发出的无线射频或其他电磁辐射中提取信息
人为疏忽	已授权人为了利益或由于粗心将信息泄露给未授权人

5.2　网络安全的定义及目标

ARP 欺骗

5.2.1　网络安全的定义

网络安全，是指通过采用各种网络管理控制和技术措施，使网络系统正常运行（既要保证网络系统硬件与设施的安全，又要保证软件系统与数据信息存储、传输和处理等过程的安全，保证网络服务的可用性和可审查性），从而确保网络数据和信息的完整性、保密性。

网络安全的要素（图 5 - 3）包括以下几个：

（1）保密性——利用密码技术对软件和数据进行加密处理，确保信息不暴露给未授权的实体或进程。

（2）完整性——保护网络中存储和传输的软件及数据不被非法操作，且能够判断出数据是否已被篡改。

（3）可用性——是指在保证软件和数据完整性的同时，还要确保其被正常使用和操作等。

（4）可控性——能够对授权范围内的信息和行为方式进行控制。

（5）可审查性——也称为不可否认性、抗否认性，是指对出现的网络安全问题提供调查的依据和手段。

5.2.2　信息的机密性

通过"进不来、拿不走、看不懂、改不了、跑不了"可以保证信息的机密性，如图5 - 4 所示。

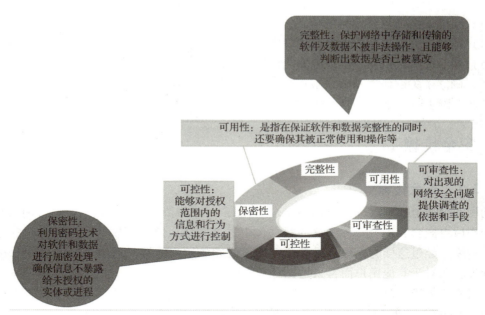

图 5 – 3　网络安全的要素

图 5 – 4　信息的机密性

（1）"进不来"是指通过访问控制机制等安全技术把网络攻击挡在系统之外。

（2）"拿不走"是指利用授权机制使入侵者不能拿走没有授权的资源。

（3）"看不懂"是指采用加密机制，攻击者拿走了资源，但因为有加密机制，攻击者看不懂。

（4）"改不了"是指通过数据完整性鉴别机制，使入侵者不能轻易更改数据，一旦更改就会被发现。

网络安全的目标

（5）"跑不了"是指使用审计、监控、防抵赖机制，使入侵者留下痕迹和证据，从而便于举证，还可以防止入侵者抵赖。

5.2.3　相关法律法规

2017 年 6 月 1 日，我国第一部全面规范网络空间安全管理的基础性法律——《中华人民共和国网络安全法》正式施行，共有七章七十九条，内容十分丰富，具有以下六大突出亮点。

（1）明确了网络空间主权的原则。

（2）明确了网络产品和服务提供者的安全义务。

（3）明确了网络运营者的安全义务。

（4）进一步完善了个人信息保护规则。

（5）建立了关键信息基础设施安全保护制度。

（6）确立了关键信息基础设施重要数据跨境传输的规则。

另外，该法还指出应采取多种方式培养网络安全人才，还要促进网络安全人才的交流。

5.3　安全传输

5.3.1　安全传输

利用安全通道技术（Secure Tunneling Technology）将待传输的原始信息进行加密和协议封装处理后再嵌套装入另一种协议的数据包中送入网络，像普通数据包一样传输的过程叫作安全传输。经过这样的处理，只有源端和目的端的用户能够对通道中的嵌套信息进行解释和处理，而对于其他用户而言只是无意义的信息。

网络安全传输通道应该具有以下功能和特性：

（1）机密性：通过对信息加密保证只有预期的接收者才能读出数据。

（2）完整性：保护信息在传输过程中免遭未经授权的修改，从而保证接收到的信息与发送的信息完全相同。

（3）对数据源的身份验证：通过保证每个计算机的真实身份来检查信息的来源和完整性。

（4）反重发攻击：通过保证每个数据包的唯一性来确保攻击者捕获的数据包不能重发或重用。

5.3.2　IPSec 安全传输技术

IPSec 是一种建立在互联网协议层之上的协议。它能够让两个或更多主机以安全的方式来通信。IPsec 既可以用来直接加密主机之间的网络通信（也就是传输模式），也可以用来在两个子网之间建造"虚拟隧道"用于两个网络之间的安全通信（也就是隧道模式）。后一种被称为是虚拟专用网（VPN）。

IPSec 是一个工业标准网络安全协议，为 IP 网络通信提供透明安全服务，保护 TCP/IP 通信免遭窃听和篡改，可以有效抵御网络攻击；同时还可以保持易用性。

IPSec VPN 概述

1. IPSec 的目标

IPSec 的目标是为 IPv4 和 IPv6 及其上层协议（如 TCP、UDP 等）提供一套标准（互操作性）、高效并易于扩充的安全机制。

2. IPSec 的工作原理

IPSec 不是一个单独的协议，它给出了应用于 IP 层上网络数据安全的一整套体系结构，包括网络认证协议（Authentication Header，AH）、封装安全载荷协议（Encapsulating Security Payload，ESP）、密钥管理协议（Internet Key Exchange，IKE）和用于网络认证及加密的一些算法等。

IPSec 规定了如何在对等层之间选择安全协议，确定安全算法和密钥交换，向上提供了访问控制、数据源认证、数据加密等网络安全服务。

3. IPSec 提供的安全服务

（1）存取控制。

（2）无连接传输的数据完整性。

（3）数据源验证。

（4）抗重复攻击（Anti-Replay）。

（5）数据加密。

（6）有限的数据流机密性。

4. IPSec 的组成

（1）安全协议。其包括验证头和封装安全载荷两个协议。

验证头（AH）：进行身份验证和数据完整性验证。AH 为 IP 通信提供数据源认证、数据完整性和反重播保证，它能保护通信免受篡改，但不能防止窃听，适合用于传输非机密数据。

封装安全载荷（ESP）：进行身份验证、数据完整性验证和数据加密。ESP 为 IP 数据包提供完整性检查、认证和加密，可以视为"超级 AH"，因为它提供机密性并可防止篡改。ESP 服务依据建立的安全关联是可选的。

（2）安全关联（Security Associations，SA）：其可视为一个单向逻辑连接，它用于指明如何保护在该连接上传输的 IP 报文。

SA 是单向的，在两个使用 IPSec 的实体（主机或路由器）间建立的逻辑连接，定义了实体间如何使用安全服务（如加密）进行通信。它由下列元素组成：①安全参数索引 SPI；②IP 目的地址；③安全协议。

5. IPSec 保护下的 IP 报文格式

IPSec 由三个基本要素来提供以上三种保护形式：认证协议头、安全加载封装、互联网密钥管理协议。

安全协议包括验证头和封装安全载荷，既可用来保护一个完整的 IP 载荷，也可用来保护某个 IP 载荷的上层协议。这两方面的保护分别是由 IPSec 两种不同的实现模式来提供的。传输模式用来保护上层协议，而隧道模式用来保护整个 IP 数据包。

在传输模式中，IP 头与上层协议之间需插入一个特殊的 IPSec 头；而在隧道模式中，需要保护的整个 IP 数据包都需封装到另一个 IP 数据包里；同时，其还要在外部与内部 IP 头之间插入一个 IPSec 头。两种安全协议均能以传输模式或隧道模式工作，如图 5-5 所示。图中的 IPSec 头字段在 AH 和 ESP 两种封装方式下填充的内容不同，加密方式和哈希运算方式也有区别。

IP头	TCP头	数据

初始数据报

IP头	IPSec头	TCP头	数据

传输模式下经IPSec处理后的数据报格式

外层IP头	IPSec头	内层IP头	TCP头	数据

隧道模式下经IPSec处理后的数据报格式

图 5-5　两种模式下的封装方式

封装安全载荷协议：属于 IPSec 的一种安全协议，它可以确保 IP 数据报的机密性、数据的完整性以及对数据源的身份进行验证。此外，它还能负责对重复攻击的抵抗。具体做法是在 IP 头（以及任何选项）之后，并在要保护的数据之前，插入一个新头，即 ESP 头。受保护的数据既可以是一个上层协议，也可以是整个 IP 数据报。最后，还要在后面追加一个 ESP 尾，其格式如图 5 - 6 所示。

| IP头 | ESP头 | 要保护的数据 | ESP尾 |

图 5 - 6 受 ESP 保护的 IP 数据包

验证头协议：与 ESP 类似，AH 也提供了数据完整性、数据源验证以及抗重复攻击的能力。但要注意，它不能用来保证数据的机密性。正是由于这个原因，AH 比 ESP 简单得多，AH 只有头，而没有尾，其格式如图 5 - 7 所示。

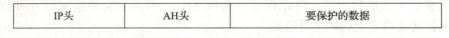

| IP头 | AH头 | 要保护的数据 |

图 5 - 7 受 AH 保护的 IP 数据包

原始 IP 报文，传输模式与隧道模式下数据格式的对比如图 5 - 8 所示。

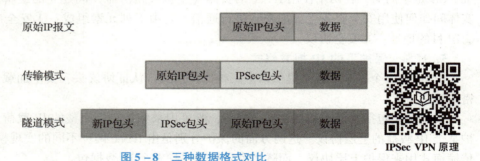

图 5 - 8 三种数据格式对比

IPSec VPN 原理

5.4 VPN

5.4.1 VPN 概述

虚拟专用网（Virtual Private Network，VPN）是通过一个公用网络（通常是互联网）建立的一个临时的、安全的连接，是一条穿过混乱的公用网络的安全、稳定的隧道。

虚拟专用网络可以实现不同网络的组件和资源之间的相互连接，任意两个节点之间的连接并没有传统专网所需的端到端的物理链路，而是利用某种公众网的资源动态组成的。VPN 是在公网中形成的企业专用链路，如图 5 - 9 所示。采用"隧道"技术，可以模仿点对点连接技术，依靠 ISP（互联网服务提供商）和其他 NSP（网络服务提供商）在公用网中建立自己专用的"隧道"，让数据包通过这条隧道传输。对于不同的信息来源，可分别开出不同的隧道，提供与专用网络一样的安全和功能保障。

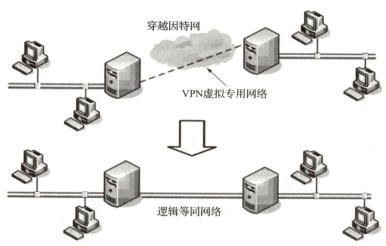

图 5 − 9 虚拟专用网络

　　VPN 的三个字母表示不同的含义，如图 5 − 10 所示。V 即 Virtual，表示 VPN 有别于传统的专用网络，并不是一种物理网络，而是企业利用电信运营商所提供的公有网络资源和设备建立的自己的逻辑专用网络，这种网络的好处在于可以降低企业建立并使用"专用网络"的费用。P 即 Private，表示特定企业或用户群体可以像使用传统专用网一样来使用这个网络资源，即这种网络具有很强的私有性，具体可以表现在网络资源的专用性和网络的安全性两个方面。N 即 Network，表示这是一种专门的组网技术和服务。

图 5 − 10 VPN 的含义

5.4.2 VPN 的主要功能

1. 保证数据的机密性

　　对通过公共网络传递过来的数据进行加密，可以保证通过公共网络传输的信息即使被他人截获也不会泄露。

2. 保证数据的完整性

　　使用哈希函数验证接收数据的完整性，防止数据被非法篡改，保证信息的完整性。

3. 保证数据的可用性

　　对公共网络传递的数据信息进行时效性、完整性、有效性上的保护，确保信息是可信、可靠、可用的。

VPN 概述

4. 保证数据的不可否认性

对使用 VPN 的用户进行身份鉴别，保证只有合法用户才能使用，还可以防止用户抵赖和否认。

5. 访问控制

不同的合法用户有不同的访问权限。防止用户对任何资源进行未授权的访问，从而使资源在授权范围内使用，决定了用户能做什么，也决定了代表一定用户利益的程序能做什么。

6. 地址管理

VPN 方案必须能够为用户分配专用网络上的地址，并确保地址的安全。

7. 提供动态密钥交换功能

提供动态密钥管理，保证密钥通过网络进行交换的安全性。VPN 的主要目的是保护传输数据，即保护从隧道的一个节点到另一个节点传输的信息流。VPN 方案必须能够生成并更新客户端和服务器的加密。VPN 方案必须支持互联网上普遍使用的基本协议，包括 IP、IPX 等。信道的两端将被视为可信任区域，VPN 对传输的数据包不提供任何保护。

一条 VPN 连接一般由客户机、隧道和服务器三部分组成。VPN 系统使分布在不同地区的专用网络在不可信任的公共网络上安全地通信。它采用复杂的算法来加密传输的信息，使敏感的数据不会被窃听。其处理过程如图 5–11 所示。

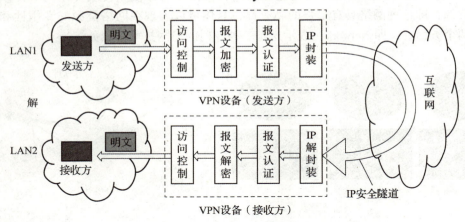

图 5–11　VPN 处理过程

（1）要保护的主机发送明文信息到连接公共网络的 VPN 设备。

（2）VPN 设备根据网管设置的规则，确定是否需要对数据进行加密或让数据直接通过。

（3）对需要加密的数据，VPN 设备对整个数据包进行加密和附上数字签名。

（4）在 VPN 设备上加上新的数据报头，其中包括目的地 VPN 设备需要的安全信息和一些初始化参数。

（5）VPN 设备对加密后的数据、认证信息以及源 IP 地址、目标 VPN 设备的 IP 地址进行重新封装，重新封装后的数据包通过虚拟通道在公网上传输。

（6）当数据包到达目标 VPN 设备时，数据包被解封装，数字签名被核对无误后，数据包被解密。

5.4.3　VPN 的分类

根据不同的用途，VPN 可以分为不同的类型。

1. 按照用户的使用情况和应用环境分类

（1）Access VPN。

即远程接入 VPN，移动客户端到公司总部或者分支机构的网关，使用公共网络作为骨干网在设备之间传输 VPN 的数据流量。

（2）Intranet VPN。

即内联网 VPN，又称企业内部虚拟网，公司总部的网关到其分支机构或者驻外办事处的网关，通过公司的网络架构连接和访问来自公司内部的资源，如图 5 – 12 所示。这是一种网络到网络的以对等方式连接起来所组成的 VPN。Intranet VPN 的安全性取决于两个 VPN 服务器之间的加密和验证手段。

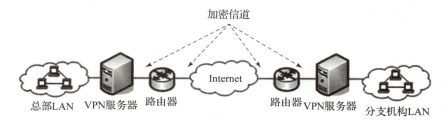

图 5 – 12　内联网 VPN

（3）Extranet VPN。

即外联网 VPN，又称为企业扩展虚拟网，它是企业间发生收购、兼并或企业间建立战略联盟后，使不同企业网通过公用网络来构建的虚拟专用网，是在供应商、商业合作伙伴的 LAN 和公司的 LAN 之间的 VPN。

由于不同公司网络环境的差异性，该产品必须能兼容不同的操作平台和协议。由于用户具有多样性，公司的网络管理员还应该设置特定的访问控制表（Access Control List，ACL），这样就可以根据访问者的身份、网络地址等参数来确定其所拥有的访问权限，开放部分资源而非全部资源给外联网的用户。

如图 5 – 13 所示，外联网 VPN 能保证包括 TCP 和 UDP 服务在内的各种应用服务的安全，如 HTTP、FTP、E – mail、数据库的安全以及一些应用程序，如 Java、ActiveX 的安全等。

通常把外联网 VPN 和内联网 VPN 统一称为专线 VPN。

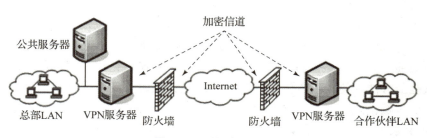

图 5 – 13　外联网 VPN

2. 按照连接方式分类

（1）远程访问 VPN。

远程访问 VPN 是指总部和所属同一个公司的小型或家庭办公室（Small Office/Home Office，SOHO）以及外出员工之间所建立的 VPN。SOHO 通常以 ISDN 或 DSL 的方式接入互联网，在其边缘使用路由器与总部的边缘路由器、防火墙之间建立起 VPN。移动用户的计算机中已经事先安装了相应的客户端软件，可以与总部的边缘路由器、防火墙或者专用的 VPN 设备建立 VPN。

在过去的网络中，公司的远程用户需要通过拨号网络接入总公司，这需要借用长途功能。使用了 VPN 以后，用户只需要拨号接入本地 ISP 就可以通过互联网访问总公司，从而节省了长途开支。远程访问 VPN 可提供小型公司、家庭办公室、移动用户等的安全访问。

公司往往制定一种"透明的访问策略"，即使员工身在远处也能像在公司总部的办公室一样自由地访问公司的资源，如图 5-14 所示。

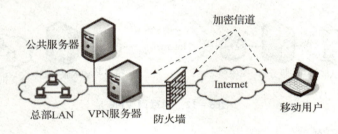

图 5-14　远程访问 VPN

（2）站点到站点 VPN。

站点到站点 VPN 是指公司内部各部门之间，以及公司总部与其分支机构和驻外的办事处之间建立的 VPN。也就是说，在其中产生的通信过程仍然是在公司内部进行的。以前，这种网络都需要借用专线或 Frame-Relay 来进行通信服务，但是现在的许多公司都和互联网相连接，因此站点到站点 VPN 便替代了专线或 Frame-Relay 进行网络连接。站点到站点 VPN 是传统广域网的一种扩展方式。

5.4.4　VPN 的关键技术

目前，VPN 主要采用隧道技术、加解密技术、密钥管理技术和使用者与设备身份认证技术 4 项关键技术来保证安全。

1. 隧道技术

隧道技术是 VPN 的基本技术，它是数据包封装的技术，可以模仿点对点连接技术，依靠互联网服务提供商（ISP）和其他的网络服务提供商（NSP）在公用网中建立自己专用的"隧道"，让数据包通过这条隧道传输。隧道技术是一种通过使用互联网的基础设施在网络之间传递数据的方法。使用隧道传递的数据可以是其他协议的数据帧或数据包。隧道协议将其他协议的数据帧或数据包，重新封装到一个新的 IP 数据包的数据体中，然后通过隧道发送。新的 IP 数据包的报头提供路由信息，以便通过互联网传递被封装的负载数据。当新的 IP 数据包到达隧道终点时，该新的 IP 数据包被解除封装。

2. 加解密技术

发送者在发送数据之前对数据进行加密,当数据到达接收者时由接收者对数据进行解密。加密算法主要包括对称加密(单钥加密)算法和不对称加密(双钥加密)算法。对于对称加密算法,通信双方共享一个密钥,发送方使用该密钥将明文加密成密文,接收方使用相同的密钥将密文还原成明文,对称加密算法运算速度较快。

不对称加密算法是通信双方各使用两个不同的密钥,一个是只有发送方自己知道的密钥(私钥),另一个是可以公开的密钥(公钥)。在通信过程中,发送方用接收方的公钥加密数据,并且可以用发送方的私钥对数据的某一部分或全部加密,进行数字签名。接收方接收到加密数据后,再使用自己的私钥解密数据,也使用发送方的公钥解密数字签名来验证发送方身份。

3. 密钥管理技术

密钥管理技术的主要任务是使密钥在公用网络上安全地传递而不被窃取。现行密钥管理技术可分为 SKIP 与 ISAKMP/OAKLEY 两种。SKIP 的主要功能是利用 Diffie – Hellman 的演算法则在网络上传输密钥;在 ISAKMP 中,双方都有两把密钥,分别作为公钥和私钥使用。

4. 使用者与设备身份认证技术

使用者与设备身份认证技术最常用的是用户名或口令、智能卡认证等认证技术。

做一做

自行查阅并学习 IPec VPN 的构建原理。

总 结 与 评 价

通过对本任务的学习,学生能够了解网络安全的重要性,掌握 VPN 相关技术,并在学习过程中不断提升知识水平和技能。

考 核 评 价

考核项目	权值	考核内容		评分
职业素养	5%	迟到、早退		
	10%	钻研、认真、爱岗敬业		
技能目标	10%	网络安全机制	网络安全要素	
	15%		安全传输技术	
	20%	IPSec	IPSec 保护原理	
	20%		IPSec 报文格式	
	10%	VPN	VPN 技术	
知识拓展	10%	做一做	IPSec VPN 原理	
合计				

任务6　VPN 服务器的部署

任 务 目 的

在虚拟机上部署 VPN 服务器，以 Windows Server 2008 虚拟机为例，使 VPN 客户机能够通过 VPN 连接到 VPN 服务器来访问服务器指定的内容。

任 务 要 求

（1）连接设备。
（2）配置 TCP/IP。
（3）安装"路由和远程访问服务"角色服务。
（4）配置并启用路由和远程访问。
（5）创建 VPN 接入用户。

任 务 主 要 步 骤

准备完成任务所需的设备和软件：双网卡服务器1台，下面以 Windows Server 2008 为例，需使用 Window 7 及以上版本客户机1台、交换机1台、直通网线2根。其网络拓扑结构如图6–1所示。

6.1　连接设备

操作步骤：使用两根直通双绞线分别把服务器（连接外网的网卡）和客户机连接到交换机上。

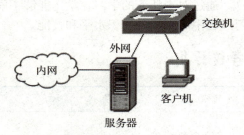

图6–1　网络拓扑结构

6.2　配置 TCP/IP

操作步骤如下：

（1）配置服务器连接外网的网卡1的 IP 地址为 192.168.1.10，子网掩码为 255.255.255.0，连接内网的网卡2的 IP 地址为 192.168.3.10，子网掩码为 255.255.255.0；配置客户机的 IP 地址为 192.168.1.20，子网掩码为 255.255.255.0。

（2）在服务器和客户机之间用 ping 命令测试网络的连通性。

6.3　安装"路由和远程访问服务"角色服务

"路由和远程访问服务"角色服务包含在"网络策略和访问服务"角色中，操作步骤如下：

（1）在服务器上，以 Windows Server 2008 虚拟机为例，选择"开始"→"管理工具"→"服务器管理器"命令，打开"服务器管理器"窗口，选择左窗格中的"角色"选项，单击右窗格中的"添加角色"链接。

（2）在打开的"添加角色向导"对话框中查看相关说明和注意事项，单击"下一步"按钮，出现"选择服务器角色"界面（图 6-2），选中"网络策略和访问服务"复选框。

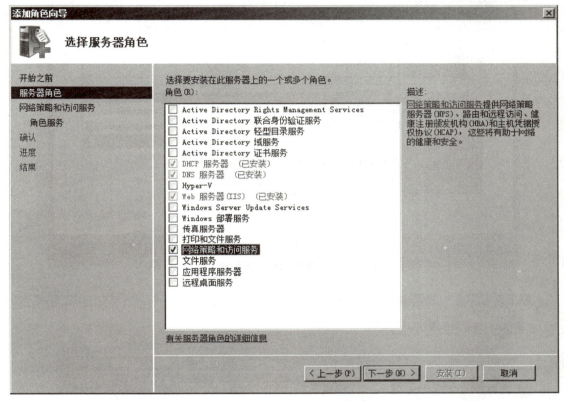

图 6-2　"添加角色向导"对话框

（3）单击"下一步"按钮，出现"网络策略和访问服务"界面，可以查看选择网络策略和访问服务和相关注意事项，如图 6-3 所示。

（4）单击"下一步"按钮，出现"选择角色服务"界面，选中"路由和远程访问服务"复选框，如图 6-4 所示。

（5）单击"下一步"按钮，出现"确认安装选择"界面，在确认选择的角色服务无误后，单击"安装"按钮，如图 6-5 所示。安装完成后，单击"关闭"按钮。

6.4　配置并启用路由和远程访问

（1）选择"开始"→"管理工具"→"路由和远程访问"命令，打开"路由和远程访问"窗口，出现"路由和远程访问"界面，如图 6-6 所示。

（2）右键单击 SERVER（本地），在弹出的快捷菜单中选择"配置并启用路由和远程访问"命令，打开"路由和远程访问服务器安装向导"对话框，如图 6-7 所示。

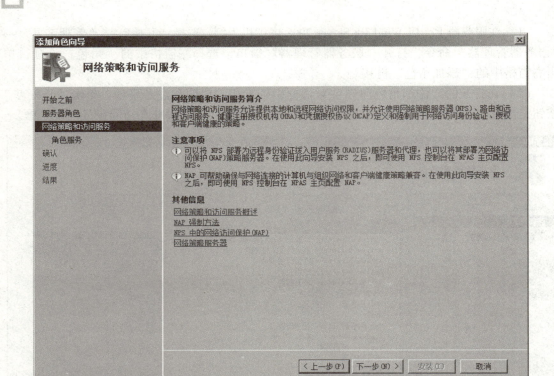

图 6-3 "网络策略和访问服务"界面

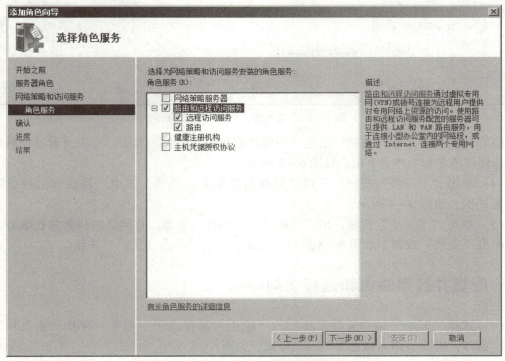

图 6-4 "选择角色服务"界面

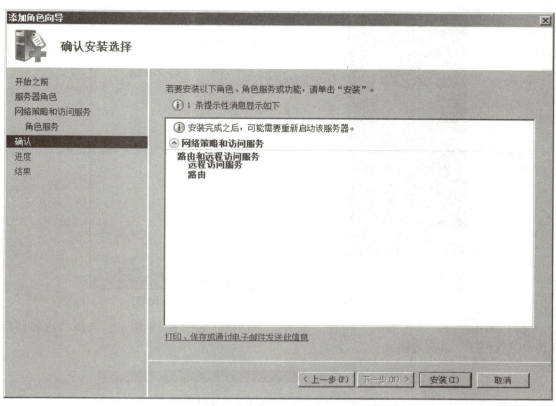

图 6-5　"确认安装选择"界面

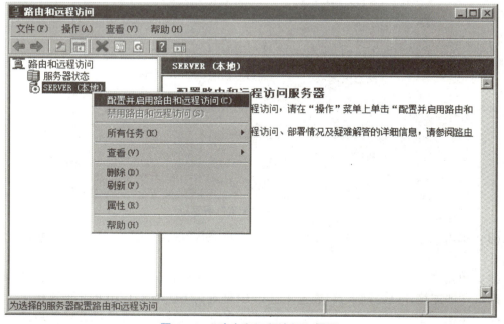

图 6-6　"路由和远程访问"界面

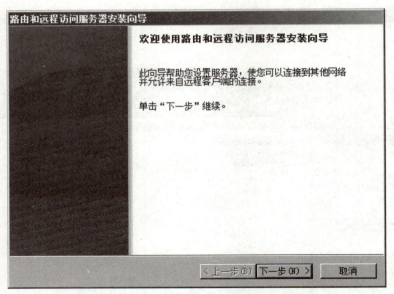

图 6 – 7   "路由和远程访问服务器安装向导" 对话框

（3）单击"下一步"按钮，出现"配置"对话框，如图 6 – 8 所示，选择"远程访问（拨号或 VPN）"单选按钮。

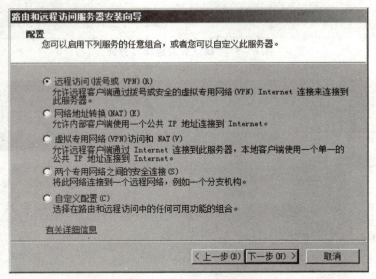

图 6 – 8   "配置"界面

（4）单击"下一步"按钮，出现"远程访问"对话框，如图 6 – 9 所示，选中"VPN"复选框。

（5）单击"下一步"按钮，出现"VPN 连接"对话框，如图 6 – 10 所示，选择 VPN 接入端口（即连接外网的网卡），在这里选择 IP 地址为 192.168.1.10 的本地连接。

（6）单击"下一步"按钮，出现"IP 地址分配"对话框，选择对远程客户端分配 IP 地址的方法，这里选中"来自一个指定的地址范围"单选按钮，如图 6 – 11 所示。

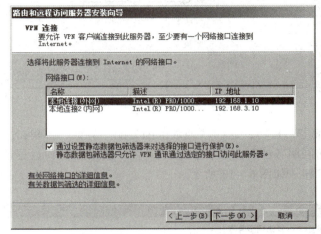

图 6 – 9　"远程访问"对话框

图 6 – 10　"VPN 连接"对话框

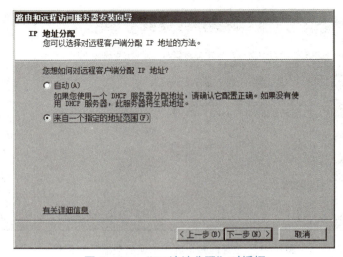

图 6 – 11　"IP 地址分配"对话框

（7）单击"下一步"按钮，出现"地址范围分配"界面，单击"新建"按钮，在打开的"新建 IPv4 地址范围"对话框中，输入"起始 IP 地址"为 192.168.3.100，"结束 IP 地址"为 192.168.3.199，共 100 个地址，如图 6－12 所示。

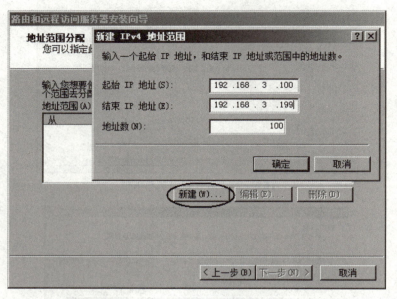

图 6－12　"地址范围分配"对话框

（8）先单击"确定"按钮，返回"地址范围分配"界面，再单击"下一步"按钮，出现"管理多个远程访问服务器"对话框，选择"否，使用路由和远程访问来对连接请求进行身份验证"单选按钮，如图 6－13 所示。

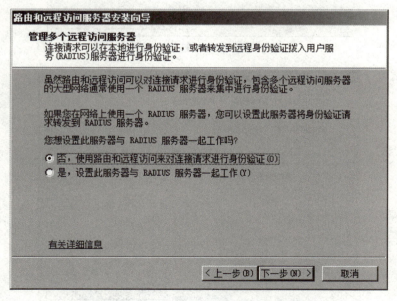

图 6－13　"管理多个远程访问服务器"对话框

（9）单击"下一步"按钮，再单击"完成"按钮，出现如图 6 – 14 所示的对话框，表示需要配置 DHCP 中继代理程序，最后单击"确定"按钮即可。至此，路由和远程访问建立完成。

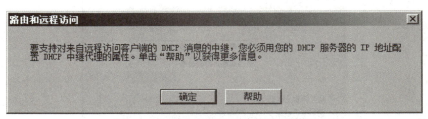

图 6 – 14　"路由和远程访问"对话框

6.5　创建 VPN 接入用户

本节介绍创建 VPN 接入用户的具体方法。

6.5.1　创建 VPN 接入用户

操作步骤如下：

（1）选择"开始"→"管理工具"→"计算机管理"命令，打开"计算机管理"窗口，依次展开"系统工具"→"本地用户和组"→"用户"选项，在右窗格的空白处，单击鼠标右键，在弹出的快捷菜单中选择"新用户"命令，如图 6 – 15 所示。

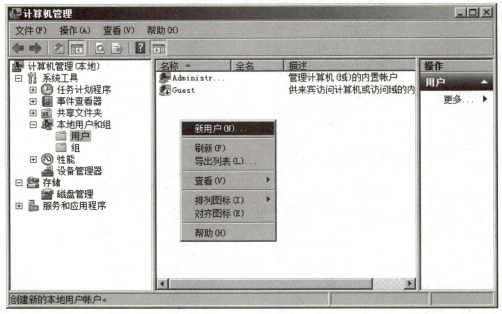

图 6 – 15　"计算机管理"界面

（2）在打开的"新用户"对话框中，输入用户名（VPNtest）和密码（p@ ssword1），并选中下方的"用户不能更改密码"和"密码永不过期"复选框，如图 6 – 16 所示。

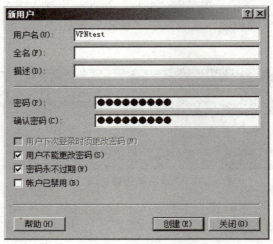

图 6 – 16 "新用户"界面

（3）先单击"创建"按钮，再单击"关闭"按钮，完成新用户 VPNtest 的创建。

（4）在"计算机管理"窗口的右侧窗格中，鼠标右键单击刚创建的新用户 VPNtest，在弹出的快捷菜单中选择"属性"命令，打开"VPNtest 属性"对话框，如图 6 – 17 所示。

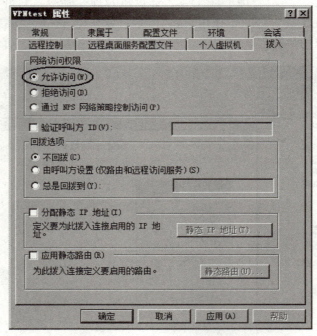

图 6 – 17 "VPNtest 属性"界面

（5）在"拨入"选项卡中，选中"允许访问"单选按钮后，单击"确定"按钮即可完成设置。

6.5.2 在 Windows 7 客户端建立并测试 VPN 连接

要求学生能正确配置 VPN 客户端，建立并测试 VPN 连接。

设置 VPN 客户端的操作步骤如下：

（1）在 Windows 7 客户机上，鼠标右键单击桌面上的"网络"图标，在弹出的快捷菜单中选择"属性"命令，打开"网络和共享中心"窗口，弹出"网络和共享中心"界面，如图 6－18 所示。

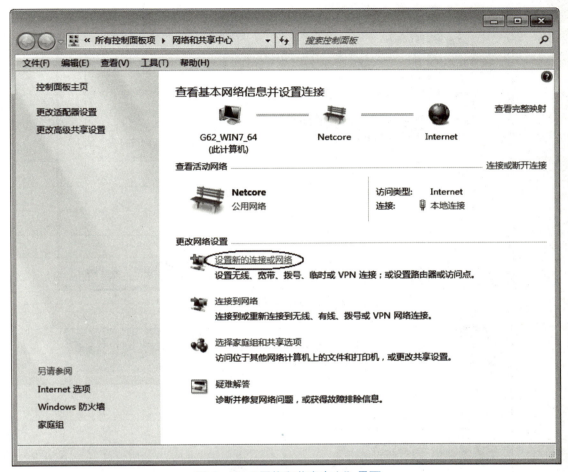

图 6－18　"网络和共享中心"界面

（2）单击"设置新的连接或网络"链接，打开"设置连接或网络"对话框，如图 6－19 所示，选择"连接到工作区"选项。

（3）单击"下一步"按钮，出现"你想如何连接"对话框，如图 6－20 所示，单击"使用我的 Internet 连接（VPN）"选项。

（4）接着，出现"您想在继续之前设置 Internet 连接吗"对话框，在该界面中设置 Internet 连接，由于本实例 VPN 服务器和 VPN 客户机是物理直接连接在一起的，所以此时应单击"我将稍后设置 Internet 连接"选项，如图 6－21 所示。

（5）接着，出现"键入要连接的 Internet 地址"界面，如图 6－22 所示，在"Internet 地址"文本框中输入 VPN 服务器的外网卡 IP 地址 192.168.1.10，并设置"目标名称"为"VPN 连接"。

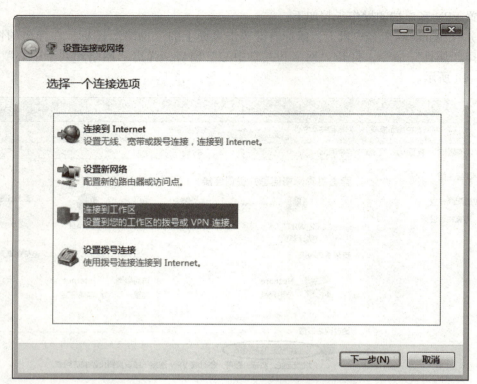

图 6-19 "设置连接或网络"对话框

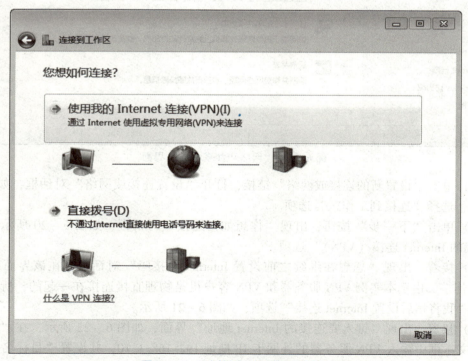

图 6-20 "连接到工作区"对话框

图 6 – 21　"设置 Internet 连接"选项

图 6 – 22　设置目标名称

（6）单击"下一步"按钮，出现"键入您的用户名和密码"界面，如图 6 - 23 所示，输入用户名（VPNtest）和密码（p@ ssword1）。

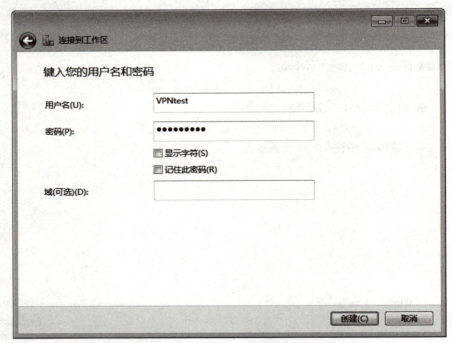

图 6 - 23 "输入用户名和密码"界面

（7）单击"创建"按钮，出现"连接已经可以使用"界面，如图 6 - 24 所示。

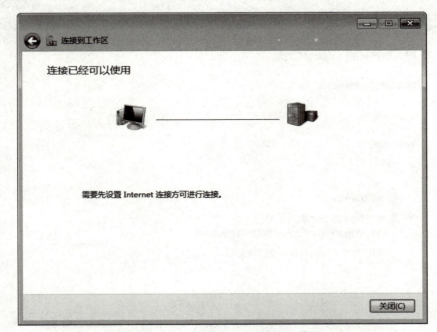

图 6 - 24 "连接已经可以使用"界面

6.5.3　连接到 VPN 服务器

操作步骤如下：

（1）鼠标右键单击桌面上的"网络"图标，在弹出的快捷菜单中选择"属性"命令，打开"网络和共享中心"窗口，单击"更改适配器设置"链接，出现"网络连接"窗口，如图 6－25 所示。

图 6－25　"网络连接"窗口

（2）双击"VPN 连接"图标（已断开连接），打开"连接 VPN 连接"对话框，如图 6－26 所示，输入用户名（VPNtest）和密码（p@ ssword1），单击"连接"按钮，经过身份验证后即可连接到 VPN 服务器，在如图 6－27 所示的"网络连接"窗口中可以看到"VPN 连接"的状态是连接的。

图 6－26　"连接 VPN 连接"对话框

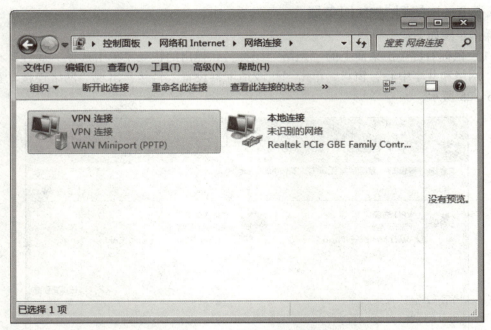

图 6 – 27 "网络连接"窗口

6.5.4 验证 VPN 连接

当 VPN 客户端连接到 VPN 服务器后，可以访问内网中的共享资源。查看 VPN 客户端获取到的 IP 地址，操作步骤如下：

（1）在 VPN 客户端计算机上运行 ipconfig/all 命令，查看 IP 地址信息，如图 6 – 28 所示，可以看到 VPN 连接获取到的 IP 地址为 192.168.3.101。

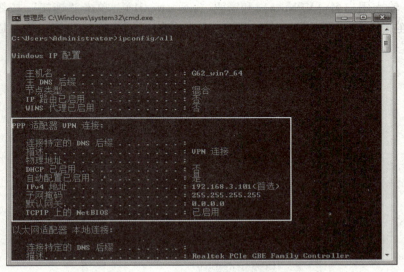

图 6 – 28 查看 IP 地址

（2）依次输入命令 ping 192.168.3.10 和 ping 192.168.3.20，测试 VPN 客户端计算机与 VPN 服务器以及内网计算机的连通性，如图 6 – 29 所示，显示可以连通。

图 6 – 29　测试连通性

6.5.5　在 VPN 服务器上进行验证

在 VPN 服务器上进行验证的操作步骤如下：

（1）在 VPN 服务器上打开"路由和远程访问"窗口，如图 6 – 30 所示，展开"SERVER（本地）"，单击"远程访问客户端"选项，在右侧窗格中显示 VPN 连接时间以及连接的账户，这表明已经有一个客户建立了 VPN 连接。

图 6 – 30　"路由和远程访问"窗口

（2）单击"端口"选项，在右侧窗格中可以看到其中一个端口的状态是"活动"，如图 6 – 31 所示，这表明有客户端连接到 VPN 服务器。

（3）单击该活动端口，在弹出的快捷菜单中选择"状态"命令，打开"端口状态"对话框，如图 6 – 32 所示，在该对话框中显示了 VPN 连接的持续时间、用户以及分配给 VPN 客户端计算机的 IP 地址等信息。

6.5.6　访问内部局域网的共享文件

访问内部局域网的共享文件的操作步骤如下：

图 6-31 "查看端口"窗口

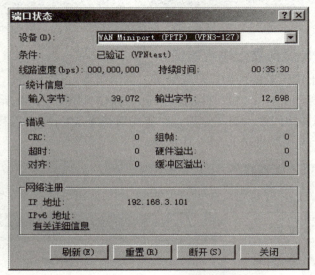

图 6-32 "端口状态"对话框

（1）在内部局域网的某一计算机（192.168.3.20）上创建 FTP 用户名 FTPuser 和共享文件夹 Share，并允许用户名 FTPuser 可以访问共享文件夹 Share，如图 6-33 所示。

（2）在 VPN 客户端计算机上选择"开始"→"运行"命令，输入共享文件夹的 UNC 路径"\\192.168.3.20"，输入 FTP 用户名（FTPuser）和密码后，可以访问内部局域网中的共享文件夹 Share，如图 6-34 所示。

6.5.7　断开 VPN 连接

断开 VPN 连接的操作步骤如下：

（1）在 VPN 服务器的"路由和远程访问"窗口中，依次展开"SERVER"节点和"远程访问客户端（1）"节点，在右侧窗格中显示了已连接的 VPN 连接。

（2）鼠标右键单击已连接的 VPN 连接，在弹出的快捷菜单中选择"断开"命令即可断开客户端计算机的 VPN 连接。也可以在 VPN 客户端计算机的"网络连接"窗口中右击"VPN 连接"图标，在弹出的快捷菜单中选择"断开"命令即可断开 VPN 连接。

图 6－33　文件共享

图 6－34　访问内部文件

总结与评价

通过对本任务的学习，学生能够在虚拟机上部署 VPN 服务器、VPN 客户机；能够通过 VPN 连接到 VPN 服务器来访问服务器指定的内容。

考核评价

考核项目	权值	考核内容		评分
职业素养	5%	迟到、早退		
	10%	执着专注、自主操作能力		
技能目标	5%	VPN 服务器的部署	设备线缆连接	
	20%		TCP/IP 配置	
	20%		安装"路由和远程访问服务"角色服务	
	20%		配置与启用路由和远程访问	
	20%		创建 VPN 接入用户	
合计				

任务 7　IPSec VPN 的配置

任务目的

（1）掌握 IPSec VPN 原理。

（2）在两个路由之间配置 site – to – site VPN。

（3）对不同网段进行数据加密。

（4）培养学生独立思考、团队协作及争创一流的优秀品质。

任务要求

掌握以下参数的配置：

（1）IKE policy 配置参数。

①加密算法：3DES。

②哈希算法：MessageDigest 5。

③认证方式：Pre – Shared Key。

④Diffie – Hellman 组#2（1024bit）。

（2）isakmp key：cisco。

（3）转换集：载荷加密算法：esp – 3des。

（4）载荷散列算法：esp – sha – hmac。

（5）认证头：ah – sha – hmac。

任务主要步骤

VPN 拓扑如图 7 – 1 所示。

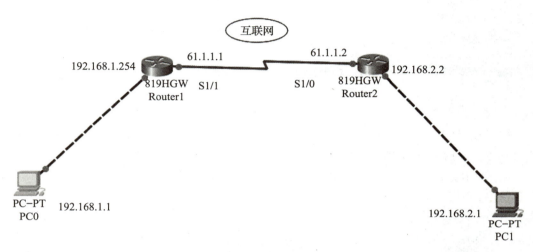

图 7 – 1　VPN 拓扑

（1）分析拓扑可知，对 Router、PC 进行基本数据配置，保证 PC 互通。

Router1 的基本配置：

```
Router > enable
Router#config t
Router(config) #hostname R1
R1(config) # interface GigabitEthernet 0
R1(config – if) #ip address 192.168.1.254 255.255.255.0
R1(config – if) #exit
R1(config) #interface serial 0
R1(config – if) #no shutdown
R1(config – if) #ip address 61.1.1.1 255.0.0.0
R1(config – if) #clock rate 64000
R1(config – if) #exit

Router(config) #router rip
Router(config – router) #network 192.168.1.0
Router(config – router) #network 61.1.1.0
Router(config – router) #version 2
Router(config – router) #exit
Router(config) #ip router 0.0.0.0 0.0.0.6 61.1.1.2
```

做一做

请同学们参考 Router1 来配置 Router2。

Router2 的基本配置：

```
Router > enable
Router#config t
Router(config) #hostname R1
R1(config) # interface GigabitEthernet 0
R1(config - if) #ip address 192.168.1.254 255.255.255.0
R1(config - if) #exit
R1(config) #interface serial 0
R1(config - if) #no shutdown
R1(config - if) #ip address 61.1.1.1 255.0.0.0
R1(config - if) #clock rate 64000
R1(config - if) #exit
```

注：PC1 的 IP 地址设为 192.168.1.1，网关设为 192.168.1.254；PC2 的 IP 地址设为 192.168.2.1，网关设为 192.168.2.2。

（2）对 Router1 进行 IPSec 配置。

①配置密钥交换策略。

```
R1(config) #crypto isakmp policy 10
R1(config - isakmp) #authentication pre - share
R1(config - isakmp) #hash md5
R1(config - isakmp) #group 2
R1(config - isakmp) #encryption 3des
R1(config - isakmp) #exit
```

②配置预共享密钥。

```
R1(config) #crypto isakmp key 6cisco address 61.1.1.2
```

③配置加密转换集 myset。

```
R1(config) #crypto ipsec transform - set myset - esp - 3des esp - sha - hmac ah - sha - hmac
```

④对 192.168.1.1/24 到 192.168.2.0/24 的网络数据进行加密。

```
R1(config) #access - list 100 permit ip 192.168.1.0 0.0.0.255 192.168.2.0 0.0.0.255
```

⑤配置加密映射图，绑定接口。

```
R1(config) #crypto map mymap 10 ipsec - isakmp
R1(config - crypto - map) #match address 100
R1(config - crypto - map) #set transform - set myset
R1(config - crypto - map) #set peer 61.1.1.2
R1(config - crypto - map) #end
R1(config) #int s1 /1
R1(config - if) #crypto map mymap
```

⑥对 R2 进行 IPSec 配置。

配置密钥交换策略，配置如下：

```
R2(config)#crypto isakmp policy 10
R2(config-isakmp)#authentication pre-share
R2(config-isakmp)#hash md5
R2(config-isakmp)#group 2
R2(config-isakmp)#encryption 3des
R2(config-isakmp)#exit
```

⑦配置预共享密钥。

```
R2(config)#crypto isakmp key 6cisco address 61.1.1.2
```

⑧配置加密转换集 myset。

```
R2(config)#crypto ipsec transform-set myset esp-3des esp-sha-hmac
```

⑨对 192.168.2.0/24 到 192.168.1.0/24 的网络数据进行加密。

```
R2(config)#access-list 100 permit ip 192.168.2.0 0.0.0.255 192.168.1.0
0.0.0.255
```

⑩配置加密映射图，绑定接口。

```
R2(config)#crypto map mymap 10 ipsec-isakmp
R2(config-crypto-map)#match address 100
R2(config-crypto-map)#set transform-set myset
R2(config-crypto-map)#set peer 61.1.1.1
R1(config-crypto-map)#exit
R1(config)#int s1/0
R1(config-if)#crypto map mymap
```

⑪使用 ping 命令从 PC1 ping PC2，测试连通性。

ping 通后，使用命令 show crypto isakmp peer 查看建立的对等体连接。

Show crypto map：查看加密映射图。

Show crypto isakmp policy：查看密钥交换策略。

Show crypto isakmp key：查看当前密钥交换方式所使用的密钥。

Show crypto isakmp peers：查看已建立的对等体。

Show crypto isakmp sa：查看安全关联。

Show crypto ipsec transform-set：查看 IPSec 加密转换集。

总 结 与 评 价

通过对本任务的学习，学生能够运用 IPSec VPN 原理进行网络间的数据加密。

考核评价

考核项目	权值		考核内容	评分
职业素养	5%		迟到、早退	
	15%		动手操作能力、团队协作	
技能目标	20%	路由配置	根据拓扑进行分析，配置参数	
	20%	PC 配置	根据拓扑进行分析，配置 IP 地址及网关	
	15%	IPSec 配置	配置密钥交换策略	
	15%	测试连通性	查加密映射图、密钥交换策略等	
知识拓展	10%	做一做	学会使用 netstat 命令	
合计				

模块 4

网络设备安全

任务 8　交换机配置

本任务主要介绍虚拟局域网的概念、功能，配置虚拟局域网的常用命令、单交换机配置虚拟局域网的方法及采用 VTP 配置虚拟局域网的方法。

任务目的

（1）掌握单交换机虚拟局域网的配置方法及采用 VTP 配置虚拟局域网的方法。
（2）培养学生养成执着专注、一丝不苟、精益求精的工匠精神。

任务要求

（1）了解虚拟局域网的定义及功能。
（2）掌握虚拟局域网配置的常用命令。
（3）学会单交换机配置虚拟局域网的方法。
（4）学会采用 VTP 配置虚拟局域网的方法。

8.1　了解虚拟局域网

8.1.1　虚拟局域网的定义及功能

以太网是一种基于 CSMA/CD 的共享通信介质的数据网络通信技术。当主机数目较多时，该技术会导致冲突严重、广播泛滥、性能显著下降，甚至造成网络不可用等问题。通过交换机实现 LAN 互连虽然可以解决冲突严重的问题，但仍然不能隔离广播报文，提高网络质量。

在上述背景下，虚拟局域网（Virtual Local Area Network，VLAN）技术产生了，它是一种通过将局域网内的设备逻辑地划分成一个个网段来实现虚拟工作组的新兴技术。

一个交换网络就是一个广播域，计算机 PC1 广播一个数据包，网络中所有计算机都会收到该数据包。广播的数据包过多将导致网络瘫痪。对于单播帧，计算机 PC1 尽管只想发送单播帧给其他计算机（如 PC6），但基于交换机的转发特性，计算机 PC3 和 PC4 也收到了单播帧，这就可能存在安全

数据通信网络

隐患。所以，广播域范围过大，不仅会影响网络性能，还可能会对网络安全产生威胁，因此要合理分割广播域。可以使用 VLAN 技术，划分 VLAN 后，广播帧只在自己的 VLAN 中广播，单播帧也只能到达目标主机。

使用 VLAN 能给交换机会带来以下改变：

（1）限制广播域。广播域被限制在一个 VLAN 中，节省了带宽，提高了网络处理能力。

（2）增强局域网的安全性。不同 VLAN 内的报文在传输时是相互隔离的，即一个 VLAN 内的用户不能和其他 VLAN 内的用户直接通信。

（3）提高了网络的健壮性。故障被限制在一个 VLAN 内，本 VLAN 内的故障不会影响其他 VLAN 的正常工作。

（4）VLAN 可以灵活构建。VLAN 可以将不同的用户划分到不同的工作组中，同一工作组中的用户也不必被局限在某一固定的物理范围内，网络构建和维护更加方便灵活。

思科模拟软件初识

8.1.2　虚拟局域网的划分方法

（1）基于端口划分。基于端口划分是最常应用的一种 VLAN 划分方法，应用最为广泛、最有效，目前绝大多数 VLAN 协议的交换机都提供这种 VLAN 划分方法。这种方法明确指定各端口属于哪个 VLAN，操作简单，但当主机较多时，重复工作量大，而当主机端口变动时，需要同时改变该端口所属的 VLAN。

（2）基于 MAC 地址划分。该方法是根据主机网卡的 MAC 地址进行划分（每个网卡都有世界上唯一的 MAC 地址）。通过检查并记录端口所连接的网卡的 MAC 地址来决定端口所属的 VLAN。

（3）基于网络层协议划分。基于网络层协议，可将 VLAN 分为 IP、IPX、DECnet、AppleTalk、Banyan 等类型。这种基于网络层协议组成的 VLAN，可使广播域跨越多个 VLAN 交换机。这对于希望针对具体应用和服务来组织用户的网络管理员来说是非常具有吸引力的，而且，用户可以在网络内部自由移动，但其 VLAN 成员身份仍然保持不变。这种方法的优点是用户的物理位置改变时，不需要重新配置其所属的 VLAN，而且可以根据协议类型划分 VLAN。

（4）基于 IP 地址划分。该方法是将任何属于同一 IP 广播组的主机认为属于同一 VLAN，具有良好的灵活性和可扩展性，可以方便地通过路由器扩展网络，但是不适合局域网，效率不高。

（5）基于 IP 组播划分。IP 组播实际上也是一种 VLAN 的定义，即认为一个 IP 组播就是一个 VLAN。这种划分方法将 VLAN 扩大到了广域网。因此，这种方法具有更大的灵活性，而且也很容易通过路由器扩展，主要适合不在同一地理范围内的局域网用户组成一个 VLAN，不适合局域网，效率不高。

VLAN 的划分方式及其相关内容见表 8-1。

表 8-1　VLAN 的划分方式及其相关内容

VLAN 划分方式	原理	优点	缺点
基于端口	根据交换的端口编号来划分 VLAN。为交换机的每个端口配置不同的 PVID，即一个端口缺省属于的 VLAN	定义成员简单	

续表

VLAN 划分方式	原理	优点	缺点
基于 MAC 地址	根据 PC 网卡的 MAC 地址来划分 VLAN。配置 MAC 地址和 VLAN ID 映射关系表	PC 移动位置可以变更	PC 网卡不能轻易变更，且 VLAN 成员需预先定义
基于子网	根据报文中的 IP 地址信息来划分 VLAN	减轻配置任务，利于管理	需要提前做好地址规划
基于协议	根据接口接收到的报文所属的协议（簇）类型及封装格式来划分 VLAN。配置以太网帧中的协议域和 VLAN ID 的映射关系表	方便管理和维护	需要对所有网络类型与 VLAN ID 进行映射
基于匹配策略	基于 MAC 地址、IP 地址、接口组合策略划分 VLAN。在交换机上配置终端的 MAC 地址和 IP 地址，并与 VLAN 关联	安全性非常高	每条策略均需手工配置

8.1.3　虚拟局域网的端口类型

为了适应不同的连接和组网，协议定义交换机的端口支持多种类型，支持的类型分为 Access 端口、Trunk 端口、Hybrid 端口 3 种端口类型。它们的区别如图 8 – 1 所示。

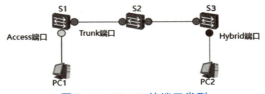

图 8 – 1　VLAN 的端口类型

（1）Access 端口。Access 端口和不能识别标签的用户终端（如主机、服务器等）相连。它只能收发 Untagged 帧，且只能为 Untagged 帧添加唯一的 VLAN 标签（Untagged 帧进入交换机或路由器后，对应链路为接入链路），如图 8 – 2 所示。数据报文进入 Access 端口后，将添加 VLAN 标签；数据报文输出 Access 端口时，将剥离 VLAN 标签。Access 端口一般在连接主机时使用，发送不带标签的报文。配置 Access 端口如图 8 – 3 所示。

图 8 – 2　Access 端口 VLAN 属性

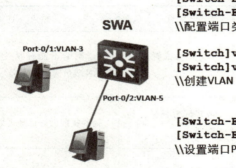

```
[Switch-Ethernet0/1]port link-type access
[Switch-Ethernet0/2]port link-type access
\\配置端口类型

[Switch]vlan 3
[Switch]vlan 5
\\创建VLAN

[Switch-Ethernet0/1]port default vlan 3
[Switch-Ethernet0/2]port default vlan 5
\\设置端口PVID
```

图 8 – 3   配置 Access 端口属性

（2）Trunk 端口。Trunk 端口一般用于交换机间的互连、交换机和路由器之间的互连（路由器配置三层子端口）等，它允许携带不同 VLAN 标签的数据帧通过。Trunk 端口一般在交换机级联端口传递多组 VLAN 信息时使用，如图 8 – 4 所示。配置 Trunk 端口属性如图8 – 5 所示。

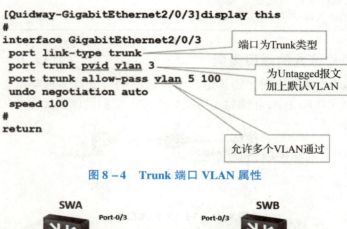

图 8 – 4   Trunk 端口 VLAN 属性

```
[Switch]vlan 3
\\创建VLAN

[Switch-Ethernet0/3]port link-type trunk
\\配置端口类型

[Switch-Ethernet0/3]port trunk pvid vlan 3
\\配置Trunk-Link端口PVID

[Switch-Ethernet0/3]port trunk allow-pass vlan 5
\\配置Trunk-Link所允许通过的VLAN
```

图 8 – 5   配置 Trunk 端口属性

（3）Hybrid 端口。Hybrid 端口既可以用于连接不能识别 VLAN 标签的用户终端（如主机、服务器等）和网络设备（如集线器、老式交换机），也可以用于连接识别 VLAN 标签的交换机、路由器，如图 8 – 6 所示。

```
[Quidway-GigabitEthernet2/0/6]display this
#
interface GigabitEthernet2/0/6
 port hybrid pvid vlan 5
 port hybrid tagged vlan 100 101
 port hybrid untagged vlan 10 to 12
#
return
```

端口默认模式为Hybrid

对Untagged报文加VLAN标签

指接口在发送帧时不将帧中的标签移除

移除标签后转发

图 8 – 6　Hybrid 端口 VLAN 属性

　　它可以允许多个携带不同 VLAN 标签的数据帧通过；也可以根据实际需要，让一些数据帧携带 VLAN 标签（即不剥离 VLAN 标签）通过，让另一些数据帧不携带 VLAN 标签（即剥离 VLAN 标签）通过。配置 Hybrid 端口如图 8 – 7 所示。

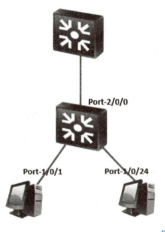

```
[Quidway-Ethernet1/0/1]port link-type hybrid
[Quidway-Ethernet1/0/1]port hybrid pvid vlan 2
[Quidway-Ethernet1/0/1]port hybrid untagged
vlan 2

[Quidway-Ethernet1/0/24]port link-type hybrid
[Quidway-Ethernet1/0/24]port hybrid pvid vlan
3
[Quidway-Ethernet1/0/24]port hybrid untagged
vlan 3

[Quidway-Ethernet2/0/0]port link-type hybrid
[Quidway-Ethernet2/0/0]port hybrid pvid vlan
99
[Quidway-Ethernet2/0/0]port hybrid untagged
vlan 2 to 3
```

Port-2/0/0

Port-1/0/1　　Port-1/0/24

图 8 – 7　配置 Hybrid 端口

VLAN 的端口类型

8.2　了解配置虚拟局域网的命令

8.2.1　交换机概述

　　交换机（在数据链路层工作）是一种用于转发电或光信号的网络设备，它可以为接入交换机的任意两个网络节点提供独享的电信号通路。最常见的交换机是以太网交换机。

　　交换机拥有一条高带宽的背部总线和内部交换矩阵，可在同一时刻进行多个端口之间的数据传输。交换机的传输模式有全双工、半双工、全双工或半双工自适应。以太网交换机是基于以太网传输数据的交换机，采用共享总线型的传输方式。以太网交换机的结构是，每个端口都直接与主机相连，并且一般都工作在全双工方式。以太网交换机能同时连通许多对端口，使每一对相互通信的主机都能像独占通信介质那样无冲突地传输数据。以太网交换机的应用最为普遍，价格也比较低，种类齐全，在大大小小的局域网中都可以见到以太网交换机的踪影。以太网交换机通常都有几个到几十个端口，实质上它就是一个多端口的网桥。另外，它的端口速度可以不同，工作方式也可以不同。

随着网络信息系统由小型到中型再到大型的发展趋势，交换技术也由最初的基于 MAC 地址的交换发展到基于 IP 地址的交换，进一步发展到基于 IP + 端口的交换，不仅提高了网络的访问速度，而且优化了网络的整体性能。

从广义上来看，交换机分为广域网交换机和局域网交换机。按照现在复杂的网络构成方式，交换机被分为接入层交换机、汇聚层交换机和核心层交换机。从传输介质和传输速度上看，局域网交换机可以分为以太网交换机、快速以太网交换机、千兆以太网交换机等。按照 OSI 参考模型，交换机又可以分为第二层交换机、第三层交换机、第四层交换机……第七层交换机。

光纤交换机是一种高速的网络传输中继设备。相对于普通交换机，它采用了光纤电缆作为传输介质。它的特点是采用传输速率较高的光纤通道与服务器网络或者存储区域网络（Storage Area Network，SAN）内部组件连接。这样，整个 SAN 网络就具有了非常宽的带宽，为高性能的数据存储提供了保障。光纤交换机有许多功能，包括支持 GBIC，具有冗余风扇和电源、分区、环操作和多管理接口等。每一项功能都可以增加整个交换网络的可操作性，理解这些特点可以帮助用户建立一个功能强大的大规模 SAN 网络。

8.2.2 交换机的工作原理

当交换机收到数据时，它会检查它的目的 MAC 地址，然后把数据从目的主机所在的接口转发出去。交换机之所以能实现这一功能，是因为它的内部有一个 MAC 地址表，MAC 地址表记录了网络中所有 MAC 地址与该交换机各端口的对应信息。某一数据帧需要转发时，交换机根据该数据帧的目的 MAC 地址来查找 MAC 地址表，从而得到该 MAC 地址对应的端口，即知道具有该 MAC 地址的设备是连接在交换机哪个端口上的，然后把数据帧从该端口转发出去。

（1）交换机根据收到数据帧中的源 MAC 地址建立该地址同交换机端口的映射，并将其写入 MAC 地址表。

（2）交换机将数据帧中的目的 MAC 地址同已建立的 MAC 地址表进行比较，以决定由哪个端口转发。

（3）如数据帧中的目的 MAC 地址不在 MAC 地址表中，则向所有端口转发。这一过程称为泛洪（flood）。

（4）广播帧和组播帧向所有的端口转发。交换机的主要功能包括物理编址、网络拓扑结构、错误校验、帧序列以及流控。现在的交换机还增加了一些新的功能，如对 VLAN 的支持、对链路汇聚的支持，甚至有的还具有防火墙功能。

交换机有以下三个主要功能：

1. 地址学习功能

交换机了解每一端口相连设备的 MAC 地址，并将 MAC 地址与相应的端口映射起来存放在缓存中的 MAC 地址表中。

2. 转发和过滤功能

（1）交换机首先判断数据帧的目的 MAC 地址是否为广播或组播地址，如果是，则进行泛洪操作。

（2）如果目的 MAC 地址不是广播或组播地址，而是去往某设备的单播地址，交换机在 MAC 地址表中查找此地址，如果此地址是未知的，也将按照泛洪的方式进行转发。

（3）如果目的地址是单播地址并且已经存在于交换机的 MAC 地址表中，交换机将把数据帧转发至此目的 MAC 地址所关联的端口。

3. 环路避免功能

交换机本身不具备环路避免功能，需要结合生成树协议实现。当交换机包括一个冗余回路时，交换机通过生成树协议避免回路的产生，同时允许存在后备路径。交换机除了能够连接同种类型的网络之外，还可以在不同类型的网络（如标准以太网和快速以太网）之间起到互连作用。如今许多交换机都能够提供支持快速以太网或 FDDI 等的高速连接端口，用于连接网络中的其他交换机或者为带宽占用量大的关键服务器提供附加带宽。

通常交换机的每个端口都用来连接一个独立的网段，但有时为了提供更高的接入速度，可以把一些重要的网络计算机直接连接到交换机的端口上。这样，网络的关键服务器和重要用户就可以拥有更高的接入速度，得到更大的信息流量了。

交换机的工作原理

8.2.3   交换机配置虚拟局域网的常用命令

交换机系统模式有普通用户模式、特权模式（enable 模式）、全局配置模式、端口配置模式、VLAN 数据库配置模式、VLAN 接口配置模式、路由配置模式、BOOTP 模式等。交换机常用系统模式见表 8 – 2。

表 8 – 2   交换机常用系统模式

提示符显示	系统模式	如何进入	简单介绍
Switch >	普通用户模式	设备启动后按回车键进入	允许用户查看一些简单的信息，但是不能更改任何信息
Switch#	特权模式	在"Switch >"下输入"enable"后单击"Enter"键进入。如果设置了 enable 密码，需要正确输入密码后才能进入	在普通用户模式下输入 enable 后才能进入。相对于普通用户模式有更多权限，比如 reload（重启）、write（保存）。特权模式也不能修改交换机的配置
Switch(config)#	全局配置模式	在"Switch#"下输入"config terminal"后按"Enter"键进入	对设备配置进行修改时必须进入此模式，可以在该模式下进入各种情景模式
Switch(config – if)#	端口配置模式	在"Switch（config）#"下输入"interface ×/×"后按"Enter"键进入，例如：interface fastEthernet 0/1	配置端口时使用

交换机常用帮助类命令见表 8 – 3。

交换机的基本操作

73

表8－3　交换机常用帮助类命令

帮助类命令	用途
?	显示所有可用命令，例如： Switch ＞ ? Exec commands： ＜1－99＞　Session number to resume Connect　open a terminal connection Disable　turn off privileged commands
comand ?	描述该命令所用第一参数选项的文本帮助，例如： Switch #configure? terminal configure from the terminal ＜ cr ＞ Switch #configure
×××?	以"×××"开头的命令列表，例如： Switch ＞ ena ? enable Switch ＞ ena 再例如：Switch # co? configure connect copy Switch # co 说明：以"co"开头有"configure""connect""copy"3个命令
command parm?	功能同"×××?"，例如： Switch # configure ter? terminal Switch # configure ter
××× ＜tab＞	命令尚未输入完整时按"Tab"键可以自动补充未完成部分。 如果没有变化说明以"×××"开头的命令不只一个。 例如：Switch# show ip in（此时单击"Tab"键） Switch # show ip in（没有变化） Switch # show ip in?（用"in?"查看以"in"开头的命令有哪些） inspect interface Switch # show ip int（输入"int"后单击"Tab"键） Switch # show ip interface（此时"interface"自动补充完成）
Ctrl + Shift +6	中断当前命令，例如： Switch #asdasdfawaeaweaeadasdwewewewewe（单击"Enter"键） Translating " asdasdfawaeaweaeadasdwewewewewe" ... domain server（255. 255. 255. 255）（此时单击组合键"Ctrl + Shift +6"能马上退出） % Name lookup aborted Switch#

其他常用命令见表 8 - 4。

表 8 - 4　其他常用命令

命令	用途
Exit	返回上一层模式，例如： Switch（config）# Switch（config）#interface fastEthernet 0/1 Switch（config - if）#exit Switch（config）#exit Switch#
End	直接退出到特权模式，例如： Switch（config）# Switch（config）#interface fastEthernet 0/1 Switch（config - if）#end Switch#
write	保存设备当前配置，例如： Switch #write Building configuration... （单击"Enter"键） Switch#
hostname	配置设备名称，例如： Switch（config）#hostname iloveu iloveu（config）#
show	查看相关信息，例如： Switch #show running - config Building configuration... Current configuration：971 bytes ! version 12. 1 no service timestamps log datetime msec no service timestamps debug datetime msec no service password - encryption ! hostname Switch
reload	重启设备，例如： Switch #reload Proceed with reload?（此处单击"Enter"键后设备会重启）
shutdown	手动关闭端口，例如： Switch（config）#tinterface fastEthernet 0/1 Switch（config - if）#tshutdown Switch（config - if）#

续表

命令	用途
speed	设置端口速率，例如： Switch（config）#interface fastEthernet 0/1 Switch（config – if）#speed 100 //设置端口速度为 100 Mbit/s Switch（config – if）#
duplex	设置端口双工模式，例如： Switch（config）#interface fastEthernet 0/1 Switch（config – if）#tduplex full //设置端口双工模式为" 全双工" Switch（config – if）#

做一做

A 公司网络拓扑结构如图 8 – 8 所示，现根据需求完成如下配置。

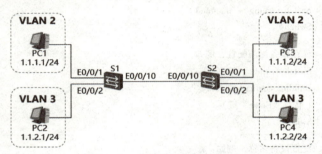

图 8 – 8　A 公司网络拓扑结构

（1）根据拓扑结构，请基于端口划分 VLAN，且 S1 的 E0/0/1 端口必须为 Hybrid 端口；仅允许相关 VLAN 通过 Trunk 链路，参数配置如图 8 – 9 所示。

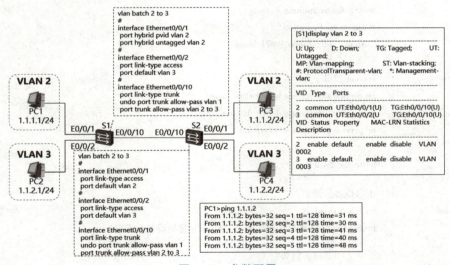

图 8 – 9　参数配置

（2）请基于 MAC 地址划分 VLAN，参数配置如图 8 – 10 所示。

（3）请根据拓扑结构，基于子网划分 VLAN，参数配置如图 8 – 11 所示。

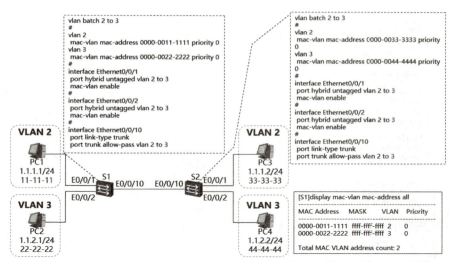

图 8 – 10　基于 MAC 地址的参数配置

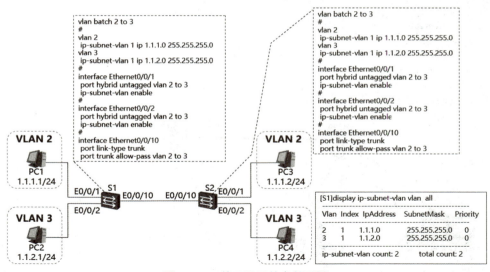

图 8 – 11　基于子网的参数配置

（4）请根据拓扑结构，基于协议划分 VLAN，参数配置如图 8 – 12 所示。

8.3　单交换机虚拟局域网的配置

8.3.1　任务准备

使用 2 台交换机采用级联的方式组建局域网，并对交换机进行 VLAN 配置。本任务有 8 台计算机和 2 台交换机，其中 PC0、PC1、PC4、PC5 属于技术部，划分在 VLAN10；PC2、PC3、PC6、PC7 属于销售部，划分在 VLAN20。交换机 Sw1 和 Sw2 通过千兆以太网 0/1 端口相连，将此端口设置成 Trunk 端口，需要实现 Sw1 和 Sw2 之间的 VLAN 互通。

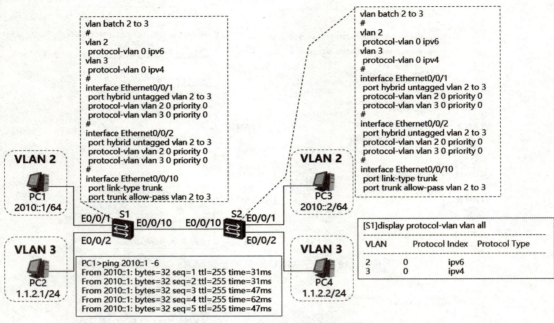

图 8 - 12　基于协议的参数配置

8.3.2　任务实施

（1）按照图 8 - 13 搭建网络。

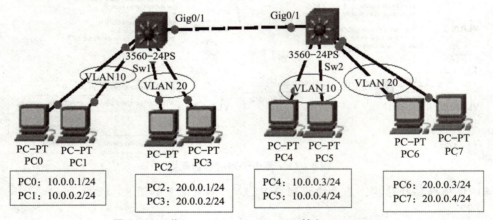

图 8 - 13　将 fastEthernet 0/1 ~ 0/8 接入 PC0 ~ PC7

（2）创建 VLAN。

```
//Sw1 的配置//（先对 Sw1 进行配置）
Switch >
Switch > enable
Switch#configure terminal
Switch (configure) #houstname Sw1    //配置主机名为 Sw1
Sw1 (configure) #
Sw1 (configure) #vlan 10               //创建 VLAN10
```

```
Sw1 ( config - vlan)#exit
sw1 (config)#vlan 20            //创建 VLAN20
Sw1( config - vlan)#
Sw1 (config - vlan) #end
// Sw2 配置 //（同理对 Sw2 进行配置）
Switch >
Switch > enable
Switch# configure terminal
Switch(config) #hostname Sw2
Sw2 (config)#
Sw2 (config)#vlan 10
Sw2 (config - vlan)#exit
Sw2 (config)#vlan 20
Sw2 (config - vlan)#end
```

（3）设置 Trunk 端口。

```
// Sw1_配置 //（先对 Sw1 进行配置）
Sw1 #configure terminal
Sw1 (config)#interface gigabitEthernet 0 /1
Sw1 (config - if)#switchport trunk encapsulation dot1a
//设置 Trunk 端口封装格式为 802.1q
Sw1(config - if)#switchport mode trunk
//设置端口工作模式为 Trunk
sw1 (config - if)#end
// SW2 配置 //（同理对 Sw2 进行配置）
Sw2#configure terminal
Sw2 (config)#interface gigabitEthernet 0 /1
Sw2 (config - if)#switchport trunk encapsulation dot1a
Sw2 (config - if) #switchport mode trunk
Sw2 (config - if)#end
```

（4）在端口添加 VLAN。

```
//配置 Sw1 //
Sw1 (config) #interface range fastEthernet 0 /1 -2
Sw1 (config - if - range)#switchport access vlan 10
//将 VLAN10 以 Access 方式添加到端口 fastEthernet0 /1 和 f'astEthernet0 /2。
range 表示范围,需要配置的端口连续时可以这样使用
Sw1 (config -if - range) #exit
Sw1 (config)#
Sw1 (config) #interface range fastEthernet 0 /3 -4
Sw1 (config -if - range)#switchport access vlan 20
//将 VLAN20 以 Access 方式添加到端口 fastEthernet0 /3 和 fastEthernet0 /4
Sw1 (config - if - range)#exit
Sw1 (config)#
Sw1 (config)#interface gigabitEthernet 0 /1
Sw1 (config - if)#switchport trunk allowed vlan 10,20
```

```
// 将 VLAN10 、VLAN20 这两个 VLAN 以 Trunk 方式添加到端口 gigabitEther - net0/1,用 10,
20 表示 VLAN10 与 VLAN20 这两个 VLAN,如果 10 连续到 20,可以用 10~20 这 11 个 VLAN,
/Sw2 的配置方法同 Sw1/
Sw2 (config)#interface range fastEthernet 0/1-2
Sw2 (config -if - range)#switchport access vlan 10
Sw2 (config)#interface range fastEthernet 0/3-4
Sw2 (config -if - range)#switchport access vlan 20
Sw2 (config)#interface gigabitEthernet 0/1
Sw2 (config -if)#switchport trunk allowed vlan 10,20
```

(5) 配置 PC0 ~ PC7 这 8 台计算机的 IP 地址和子网掩码。

(6) 用 ping 命令验证网络的连通性。

在 PC0 上 ping 10.0.0.2、10.0.0.3、10.0.0.4,查看测试结果,都 ping 通则正常,因为都在同一个 VLAN 中。

在 PC0 上 ping 20.0.0.2、20.0.0.3、20.0.0.4,查看测试结果,都 ping 不通则正常,因为都不在同一个 VLAN 中。

在 PC2 上 ping 20.0.0.2、20.0.0.3、20.0.0.4,查看测试结果,都 ping 通则正常,因为都在同一个 VLAN 中。

在 PC2 上 ping 10.0.0.2、10.0.0.3、10.0.0.4,查看测试结果,都 ping 不通则正常,因为都不在同一个 VLAN 中。

交换机配置
VLAN 的常用命令

8.4 基于 VTP 协议的跨交换机虚拟局域网配置

8.4.1 VTP 介绍

VTP (VLAN Trunking Protocol) 是 VLAN 中继协议,也被称为虚拟局域网干道协议。它是思科私有协议。如果企业网中有十几台交换机,配置 VLAN 的工作量大,则可以使用 VTP 协议,把一台交换机配置成 VTP Server,把其余交换机配置成 VTP Client,这样它们可以自动学习到 Server 上的 VLAN 信息。

VTP 模式有 3 种,即服务器模式 (Server)、客户机模式 (Client) 和透明模式 (Transparent)。

Server 模式——可以学习转发,可以添加、删除或修改 VLAN 信息。

Client 模式——可以学习转发,但不可以添加、删除或修改。

Transparent 模式——不学习,但可以转发 VLAN 信息;可以创建或删除 VLAN,只在本地有效,不影响其他路由器。新交换机出厂时的默认配置是预配置为 VLAN1,VTP 模式为服务器。

VTP 协议只能学习 VLAN 的信息,并不能学习端口划分的信息。

8.4.2 VTP 配置命令

若给 VTP 配置密码,则本域内所有交换机的 VTP 密码必须保持一致。

(1) 创建 VTP 域命令。

```
switch(config)#vtp domain DOMAIN_NAME
```

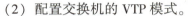

（2）配置交换机的 VTP 模式。

三种模式分别为 Server、Client、Transparent，配置命令为：

```
switch(config)#vtp mode server |client |transparent
```

（3）配置 VTP 口令。

```
switch (config) # vtp password PASSWORD
```

（4）配置 VTP 修剪，能够减少中继端口上不必要的广播信息量，在模拟器中无此命令。

```
switch (config) # vtp pruning
```

（5）配置 VTP 版本。

```
switch (config) # vtp version 2(默认是版本1),客户机不可以配置 ver 2
```

（6）查看 VTP 配置信息。

```
switch# show vtp status
```

在三层路由器加了一块二层挡板时，命令环境改变。比如原来需要在全局配置模式下输入 VTP 命令，而此时就需要在 VLAN database 模式下输入了。

8.4.3 VTP 配置实例

实验原理：VTP 是一种消息协议，它使用第二层帧，在全网的基础上管理 VLAN 的添加、删除和重命名，以实现 VLAN 配置的一致性。有了 VTP 后，就可以在一台交换机上集中修改 VLAN 的配置，所做出的修改会被自动传播到网络中的所有计算机上。

（1）按照图 8－14 搭建网络。

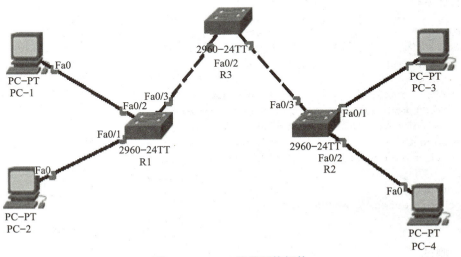

图 8－14 VTP 配置网络拓扑

（2）配置步骤。

// 配置 R3//

```
enable                         //进入特权模式
conf t                         //进入全局配置模式
 vtp domain  test              //创建 vtp 域 test
 vtp mode     server           //成为 vtp 主服务器
 vlan 10                       //创建并进入 vlan10
 name     vlan10               //命名 vlan 10 为 vlan10
 exit                          //退出 vlan10
 vlan 20                       //创建并进入 vlan20
 name     vlan20               //命名 vlan 20 为 vlan20
 interface f0 /1               //进入接口 0 /1
 switchport mode trunk         //更改接口为 trunk 模式
 exit                          //退出
 interface f0 /2               //进入接口 0 /2
 switchport mode trunk         //更改接口为 trunk 模式
 exit                          //退出
```

//配置 R1//

```
enable                         //进入特权模式
conf t                         //进入全局配置模式
vtp domain test                //加入 vtp 域 test
vtp mode client                //更改 vtP 模式为 client
interface  f0 /3               //进入接口 0 /3
switchport mode trunk          //更改接口为 trunk 模式
exit                           //退出
interface f0 /1                //进入接口 0 /1
switchport access vlan 20      //归入 vlan20
exit
```

//配置 R2//

```
enable                         //进入特权模式
conf t                         //进入全局配置模式
vtp domain test                //加入 vtp 域 test
vtp mode client                //更改 vtP 模式为 client
interface  f0 /3               //进入接口 0 /3
switchport mode trunk          //更改接口为 trunk 模式
exit                           //退出
interface f0 /1                //进入接口 0 /1
switchport access vlan 10      //归入 vlan10
exit
interface f0 /2                //进入接口 0 /2
switchport access vlan 20      //归入 vlan20
exit
```

（3）测试。

4 台 PC 的 IP 地址分别是 192. 168. 1. 1/24 ~ 192. 168. 1. 4/24，测试结果为：同一 VLAN 之间通信，不同 VLAN 之间不通信。

练一练

A 公司要进行交换机安全配置，正在接入交换机配置端口安全策略，要求是限制未经允许的计算机随意接入公司局域网内。A 公司局域网拓扑如图 8 – 15 所示。

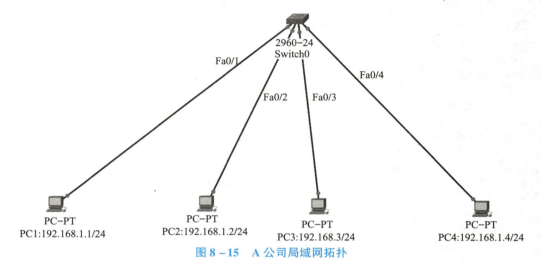

图 8 – 15　A 公司局域网拓扑

（1）根据拓扑结构对局域网内计算机进行 IP 地址配置，使用 ping 命令测试。

（2）查看交换机的 MAC 地址表，其结果如下所示。

```
Switch > enable
Switch# show mac – address – table
        Mac Address Table
Vlan          Mac Address        Type          Ports
1             0001.4333.aa33     DYNAMIC       Fa0 /3
1             0001.c9d7.ea02     DYNAMIC       Fa0 /1
1             00d0.58e2.a1b5     DYNAMIC       Fa0 /4
1             00e0.f71d.11ed     DYNAMIC       Fa0 /2
Switch#
```

（3）检测交换机端口安全的命令如下所示。

```
Switch#
Switch# configure terminal
Switch(config) # interface fastEthernet 0 /1
Switch(config – if) #switchport mode access
Switch(config – if) #switchport port – security
```

（4）在一些三层交换机上需要对 IP 地址进行绑定，如下所示。

```
Switch(config – if) # switchport port – security mac – address 0001 C9D7 EA03 ip
– address 192.168.1.1
Switch(config – if) # switchport port – security maximum 1
Switch( config – if) # switchport port – security violation shutdown
Switch(config – if) # exit
```

```
Switch(config)#interface fastEthernet 0 /2
Switch(config - if)#switchport mode access
Switch(config - if)#switchport port - security
Switch(config - if)#switchport port - security mac - address sticky
Switch(config - if)#switchport port - security maximum 1
Switch(config - if)#switchport port - security violation shutdown
Switch( config - if)#end
Switch#
```

（5）再次查看交换机的 MAC 地址表，如下所示。

```
Switch# show mac - address - table
        Mac Address Table
Vlan          Mac Address        Type        Ports1
1             0001.4333.aa33     DYNAMIC     Fa0 /3
1             0001.c9d7.ea02     STATIC      Fa0 /1
1             00d0.58e2.a1b5     DYNAMIC     Fa0 /4
1             00e0.f71d.11ed     DYNAMIC     Fa0 /2
Switch#
```

（6）再次测试 4 台计算机之间的连通性，发现它们依然能够正确连接并相互通信，如图 8 - 16 所示，使用 ping 命令测试 PC1 与 PC2 的连通性。

```
PC>ping 192.168.1.2

Pinging 192.168.1.2 with 32 bytes of data:

Reply from 192.168.1.2: bytes=32 time=6ms TTL=128
Reply from 192.168.1.2: bytes=32 time=0ms TTL=128
Reply from 192.168.1.2: bytes=32 time=0ms TTL=128
Reply from 192.168.1.2: bytes=32 time=2ms TTL=128

Ping statistics for 192.168.1.2:
    Packets: Sent = 4, Received = 4, Lost = 0 (0% loss),
Approximate round trip times in milli-seconds:
    Minimum = 0ms, Maximum = 6ms, Average = 2ms

PC>
```

图 8 - 16　测试连通性

（7）如果现在有另一台计算机（MAC 地址为 0001 C9D7 EA03）接入交换机的 0/1 号端口，需要将 PC1 的 MAC 地址改成另一个，如下所示。

```
pc > ipconfig /all

Physical Address.......: 0001.C9D7.EA02
IP Address..........:192.168.1.1
Subnet Mask.......:255.255.255.0
Default Gateway.......:0.0.0.0
DNS servers.......: 0.0.0.0
pc > ipconfig /all

Physical Address.......: 0001.C9D7.EA03
```

```
IP Address..........:192.168.1.1
Subnet Mask.......:255.255.255.0
Default Gateway.......:0.0.0.0
DNS servers.......: 0.0.0.0
```

（8）查看链路的连通性，如下所示。

```
Switch # ch interfaces fa0 /1
Fast Ethernet 0 /1 is down, line protocol is down (err - disabled)
Hardware is Lance, address is 0001.63d9.1b01 (bia 0001.63d9.1b01)
BW 100000 Kbit, DLY 1000 usec,
reliability 255 /255, txloab 1 /255, rxload 1 /255
Encapsulation APPA, loopback not set
Keepalive set (10 sec)
```

（9）交换机的 MAC 地址表如下所示。

```
Switch # sh mac - address - table
       Mac Address Table
Vlan        Mac Address       Type        Ports
1           0001.4333.aa33    DYNAMIC     Fa0 /3
1           00d0.58e2.a1b5    DYNAMIC     Fa0 /4
1           00e0.f71d.11ed    DYNAMIC     Fa0 /2
Switch#
```

（10）使用 ping 指令，测试 4 台 PC 的连通性，发现 PC1 不通。

查看 MAC 地址表可以看出，更改过 MAC 地址的 PC1 连接交换机端口 fastethernet 0/1 已经处于关闭状态，PC 的连接指示灯也是关闭状态，因为 PC1 的 MAC 地址做了更改，不再是原来的 MAC 地址，所以，交换机会根据 MAC 地址和端口安全策略来判断改后的 MAC 地址是一个非法访问地址，同时执行设置的端口安全保护策略将该端口自动关闭，以便更安全地保护交换机的这个端口。

做一做

M 公司的交换机千兆端口 gigabitethernet 2/3 端口配置安全功能，设置 MAC 地址的最大个数为 8，违例方式为 protect。请尝试对其进行配置。

总结与评价

通过对本任务的学习，学生能够进行局域网的组建、配置跨交换机 VLAN。

考核评价

考核项目	权值	考核内容	评分
职业素养	5%	迟到、早退	
	15%	动手操作能力、团队协作	

考核项目	权值	考核内容		评分
技能目标	20%	交换机指令	常用指令	
	20%	单交换机配置	组建局域网	
	20%	跨交换机 VLAN 配置	基于 VTP 协议的跨交换机 VLAN 配置	
知识拓展	20%	做一做	交换机端口安全配置	
合计				

任务 9　路由器配置

本任务的主要目的是认识并学会使用路由器，重点介绍了路由器的工作原理、路由器的常用配置命令及采用 RIP 方法配置路由器。

任务目的

（1）能够了解路由器的工作原理并配置路由器。

（2）培养学生的爱岗敬业和吃苦耐劳精神。

任务要求

（1）了解路由器的基本工作原理。

（2）了解路由器的分类。

（3）掌握 RIP 的概念及工作过程。

（4）了解 RIP 的配置过程。

9.1　路由器工作原理

9.1.1　路由基础

路由器（Router）是互联网的枢纽，是连接互联网中各局域网、广域网的设备，它会根据信道的情况自动选择和设定路由，以最佳路径，按前后顺序发送数据。路由器是一种多端口设备，它可以连接不同传输速度并运行于各种环境的局域网和广域网，也可以采用不同的协议。路由器属于 OSI 参考模型的第三层——网络层。它既能指导从一个网段到另一个网段的数据传输，也能指导从一种网络向另一种网络的数据传输。第一，网络互连，即路由器支持各种局域网和广域网端口，主要用于互连局域网和广域网，实现不同网络之间的互相通信；第二，数据处理，即提供分组过滤、分组转发、优先级、复用、加密、压缩和防火墙等功能；第三，网络管理，即路由器提供路由器配置管理、性能管理、容错管理和流量控制等功能。

　　所谓"路由",是指把数据从一个地方传送到另一个地方的行为和动作,而路由器正是执行这种行为动作的机器,它是一种连接多个网络或网段的网络设备,能将不同网络或网段之间的数据信息"翻译"过来,以使这些数据信息能够相互"读懂"对方的数据,从而组成一个更大的网络。

　　路由器中时刻存在着一张路由表,所有报文都通过查找路由表,从相应端口发送和转发。路由表可以是静态配置的,也可以是动态路由协议产生的。物理层从路由器的一个端口收到一个报文,上送到数据链路层。数据链路层去掉报文的数据链路层封装,根据报文的协议域送到网络层。网络层首先看报文是否是送给本机的,若是,则去掉报文的网络层封装,传递给上层;若不是,则根据报文的目的地址查找路由表;若找到路由,则将报文送给相应端口的数据链路层,数据链路层封装后,发送报文,若找不到路由,则将报文丢弃。

　　路由器查找的路由表,可以是管理员手工配置的,也可以是通过动态路由协议自动学习形成的。为了实现正确的路由功能,路由器必须负责管理维护路由表的工作。

　　路由器的交换/转发功能指的是数据在路由器内部移动与处理的过程:从路由器的一个端口接收数据,然后选择合适的端口转发,期间进行帧的解封装与封装,并对数据包作相应处理。

　　在网络通信中,"路由"是一个网络层的术语,是指从某一网络设备出发去往某个目的地的路径。路由表则是若干条路由信息的集合体。在路由表中,一条路由信息也被称为一个路由项或一个路由条目。路由表只存在于终端计算机和路由器(和三层交换机)中,而不存在于二层交换机中。

　　路由表中保存着各种传输路径的相关数据,可供路由器在选择路由时使用。

　　路由器根据接收到的 IP 数据包的目的网段地址查找路由表,决定转发路径。路由表中需要保存子网的标志信息、网上路由器的个数和要到达此目的网段需要将 IP 数据包转发至哪一个下一跳相邻设备地址等内容,以供路由器查询。

　　路由表被存放在路由器的 RAM 中,这意味着如果要维护的路由信息较多,路由器必须有足够的 RAM 空间,而且一旦路由器重新启动,那么原来的路由信息都会消失。

　　路由表的组成如图 9 - 1 所示。

Destination	Mask	Gateway	Interface	Owner	Priority	Metric
172.16.8.0	255.255.255.0	1.1.1.1	fei_1/1	static	1	0

图 9 - 1　路由表的组成

　　(1) 目的网络地址(Destination):用于标识数据包要到达的目的逻辑网络或子网地址。

　　(2) 掩码(Mask):与目的地址一起标识目的主机或路由器所在的网段的地址。将目的地址和网络掩码"逻辑与"后可得到目的主机或路由器所在网段的地址。

　　(3) 下一跳地址(Gateway):与承载路由表的路由器相接的相邻路由器的端口地址,有时也把下一跳地址称为路由器的网关地址。

　　(4) 发送的物理端口(Interface):数据包离开本路由器去往目的地时将经过的端口。

（5）路由信息的来源（Owner）：表示路由信息是怎样学习到的。路由表可以由管理员手工建立（静态路由表），也可以由路由选择协议自动建立并维护。路由表不同的建立方式就是路由信息的不同学习方式。

（6）路由优先级（Priority）：也叫管理距离，它决定了来自不同路由来源的路由信息的优先权。

（7）度量值（Metric）：用于表示相应的一条路由可能需要花费的代价，因此在优先级相同的路由中，度量值最小的就是最佳路由。

路由器的基本原理

9.1.2 路由的分类

路由主要分为直连路由、静态路由和动态路由三类。

（1）直连路由：设备自动发现的路由信息。

在网络设备启动后，当设备端口的状态为 Up 时，设备就会自动发现并去往与自己的端口直接相连的网络的路由。某一网络与某台网络设备的某个端口直接相连（直连）时，这台网络设备的这个端口已经位于这个网络中。"某一网络"指某个二层网络（二层广播域）。

直连路由是由数据链路层发现的。其优点是自动发现、开销小；缺点是只能发现本端口所属网段的路由信息。当路由器的端口配置了网络协议地址并状态正常时，即物理连接正常，而且可以正常检测到数据链路层协议的 Keepalive 信息时，端口上配置的网段地址将自动出现在路由表中并与端口关联。其中路由信息的来源为直连（direct），路由优先级为 0（拥有最高路由优先级），度量值为 0（拥有最小度量值）。

直连路由会随端口的状态变化在路由表中自动变化，当端口的物理层与数据链路层状态正常时，直连路由会自动出现在路由表中，当路由器检测到端口的状态为 Down 时，直连路由会自动消失。直连路由示意如图 9－2 所示。直连路由的 Owner 属性为 direct，其度量值总为 0。

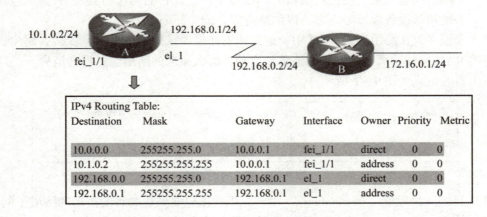

图 9－2 直连路由示意

（2）静态路由（Static Route）：手工配置的路由信息。

手工配置的静态路由的明显缺点是不具备自适应性，即当网络发生故障或网络结构发生改变而导致相应的静态路由发生错误或失效时，必须手工对这些静态路由进行修改。静态路由系统管理员手工设置。

静态路由的优点是不占用网络和系统资源，比较安全。

静态路由是否出现在路由表中取决于下一跳是否可达，即此路由的下一跳地址所处网段对本路由器是否可达。静态路由在路由表中的 Owner 属性为 static，路由优先级为 1，度量值为 0。

默认路由又称缺省路由，它也是一种特殊的静态路由。当路由表中所有的路由选择失败时，将使用默认路由，这使路由表具备了一个最后的发送地址，从而大大减轻了路由器的处理负担。

如果一个报文不能匹配任何路由，那么这个报文只能被路由器丢弃，而把报文丢向"未知"的目的地是人们所不希望的，为了使路由器完全连接，一定要有一条路由连到某个网络。路由器既要保持完全连接，又不需要记录每个单独路由时，就可以使用默认路由。通过默认路由，可以指定一条单独的路由来表示其他路由。

（3）动态路由（Dynamic Route）：网络设备通过运行动态路由协议而得到的路由信息。网络设备可以自动发现并去往与自己相连的网络的路由，也可以通过手工配置的方式"告知"网络设备去往非直连网络的路由。

9.1.3　路由器的功能

路由器的两个基本功能是路由功能和交换功能。路由器从一个接口接收数据，然后根据路由表选择合适的端口进行转发，其间进行帧的封装与解封装。学习和维持网络拓扑结构知识的机制被认为是路由功能。要实现路由功能，需要路由器学习和维护以下基本信息：

（1）路由协议。路由协议的种类很多，如 RIP、OSPP、EGP、BGP、IGRP、EIGRP 等。路由器必须能够识别不同的路由协议，并根据不同的路由协议算法学习网络拓扑机制。

（2）端口的 IP 地址、子网掩码和网关 IP 地址。一旦在端口上配置了 IP 地址和子网掩码，即在端口上启动了 IP，默认情况下 IP 路由是打开的，路由器一旦在端口上配置了三层地址信息，就可以转发 IP 数据包了。

（3）目的的网络 IP 地址。通常 IP 数据包的转发依据是目的网络 IP 地址，路由表中必须具有目的网络的路由条目才能够转发 IP 数据包，否则 IP 数据包将被路由器丢弃。

（4）下一跳 IP 地址。下一跳地址信息提供了数据包所要到达的下一个路由器的入口 IP 地址。

路由器若要实现数据的交换/转发过程，期间进行帧的封装与解封装，并对数据包进行相应的处理，则需要具备以下功能：

（1）当数据帧到达某一端口时，端口对帧进行循环冗余（CRC）校验并检查其目的数据链路层地址是否与本端口符合，如果通过检查，则去掉帧的封装并读出 IP 数据包中的目的地址信息，查询路由表，决定转发端口与下一跳地址。

（2）在获得了转发端口与下一跳地址信息后，路由器将查找缓存中是否已经有在外出端口上进行数据链路层封装所需的信息。如果没有这些信息，路由器则通过相应的进程获得这些信息。外出端口如果是以太网端口，将通过 ARP 获得下一跳 IP 地址所对应的 MAC地址；如果外出端口是广域网端口，则通过手工配置或自动实现的映射过程获得相应的二层地址信息。

（3）可以进行数据链路层封装并依据外出端口上所做的 QoS 策略进入相应的队列，等待端口空闲时进行数据转发。

9.1.4 路由器和交换机的区别

交换机的作用可以简单地理解为将设备连接起来组成一个局域网。路由器的作用在于连接不同的网段并且找到网络中数据传输最合适的路径。路由器与交换机的主要区别体现在以下几个方面：

（1）工作层次不同。最初的交换机是工作在 OSI/RM 开放体系结构的数据链路层，也就是第二层，而路由器一开始就设计工作在 OSI 参考模型的网络层。由于交换机工作在 OSI 参考模型的第二层（数据链路层），所以它的工作原理比较简单，而路由器工作在 OSI 参考模型的第三层（网络层），可以获得更多的协议信息，路由器也可以作出更加智能的转发决策。

（2）数据转发所依据的对象不同。交换机是利用物理地址（或者说 MAC 地址）来确定转发数据的目的地址，而路由器则是利用不同网络的 ID 号（即 IP 地址）来确定转发数据的目的地址。IP 地址是在软件中实现的，描述的是设备所在网络，有时这些第三层的地址也称为协议地址或者网络地址。MAC 地址通常是硬件自带的，是由网卡生产商分配的，而且通常已经固化在网卡中，一般来说是不可更改的。IP 地址则通常由网络管理员或系统自动分配。

（3）分割冲突域和广播域不同。由交换机连接的网段仍属于同一个广播域，广播数据包会在交换机连接的所有网段上传播，在某些情况下会导致通信拥挤和安全漏洞。连接到路由器上的网段会被分配成不同的广播域，广播数据不会穿过路由器。虽然第三层以上的交换机具有 VLAN 功能，也可以分割广播域，但是各子广播域之间是不能进行通信交流的，它们之间的交流仍然需要借助路由器来实现。

（4）路由器提供了防火墙服务。路由器仅转发特定地址的数据包，不传送不支持路由协议的数据包和未知目标网络的数据包，从而可以防止广播风暴的产生。

9.2 Cisco 路由器配置命令

（1）路由器常用系统模式见表 9-1。

表 9-1 路由器常用系统模式

提示符显示	系统模式	如何进入	简单介绍
Router >	普通用户模式	设备启动后按"Enter"键进入	允许用户查看一些简单的信息，但是不能更改任何信息
Router #	特权模式	在"Router >"下输入"enable"后按"Enter"键进入。如果设置了 enable 密码，需要输入正确密码后才能进入	在普通用户模式下输入"enable"后才能进入。相对于普通用户模式有更多权限，比如 reload（重启）、write（保存）。特权模式也不能修改交换机的配置

续表

提示符显示	系统模式	如何进入	简单介绍
Router（config）#	全局配置模式	在 "Router #" 下输入 "config terminal" 后单击 "Enter" 键进入	对设备配置进行修改时必须进入此模式，在该模式下可以进入各种情景模式
Router（config – if）#	端口配置模式	在 "Router（config）#" 下输入 "interface ×/×" 后单击 "Enter" 键进入，例：interface fastEthernet 0/1	配置端口时使用

（2）路由器常用帮助类命令见表 9 – 2。

表 9 – 2   路由器常用帮助类命令

帮助类命令	用途
?	显示所有可用命令，例如： Router ＞? Exec commands： ＜1 – 99＞ Session number to resume Connect Open a terminal connection Disable Turn off privileged commands
comand ?	描述该命令所用第一参数选项的文本帮助，例如： Router #configure? terminal Configure from the terminal ＜ cr ＞ Router #configure
×××?	以 "×××" 开头的命令列表，例如： Router ＞ ena ? enable Router ＞ ena 再例如：Router # co? configure connect copy Router # co 说明：以 "co" 开头的有 "configure" "connect" "copy" 3 个命令
command parm?	功能同 "×××?"，例如： Router # configure ter? terminal Router # configure ter

91

续表

帮助类命令	用途
×××＜tab＞	命令尚未输入完整时按"Tab"键可以自动补充未完成部分。 如果没有变化，说明以"×××"开头的命令不只一个。 例如：Router # show ip in（此时按"Tab"键） Router # show ip in（没有变化） Router # show ip in?（用"in?"查看以"in"开头的命令有哪些） inspect interface Router # show ip int（输入"int"后单击"Tab"键） Router # show ip interface（此时"interface"自动补充完成）
Ctrl + Shift +6	中断当前命令，例如： Router #asdasdfawaeaweaeadasdwewewewewe（单击"Enter"键） Translating " asdasdfawaeaweaeadasdwewewewewe" ... domain server（255.255.255.255）（此时单击组合键"Ctrl + Shift +6"能马上退出） % Name lookup aborted Router #

（3）其他常用命令见表 9 – 3。

表 9 – 3　其他常用命令

命令	用途
Exit	返回上一层模式，例如： Router（config）# Router（config）#interface fastEthernet 0/1 Router（config – if）#exit Router（config）#exit Router #
End	直接退出到特权模式，例如： Router（config）# Router（config）#interface fastEthernet 0/1 Router（config – if）#end Router #
write	保存设备当前配置，例如： Router #write Building configuration. . . （单击"Enter"键） Router #

命令	用途
hostname	配置设备名称，例如： Router（config）#hostname iloveu iloveu（config）#
show	查看相关信息，例如： Router #show running – config Building configuration. . . Current configuration : 971 bytes ! version 12. 1 no service timestamps log datetime msec no service timestamps debug datetime msec no service password – encryption ! hostname Switch
reload	重启设备，例如： Router #reload Proceed with reload？（此处单击"Enter"键后设备会重启）
shutdown	手动关闭端口，例如： Router（config）#tinterface fastEthernet 0/1 Router（config – if）#tshutdown Router（config – if）#
speed	设置端口速率，例如： Router（config）#interface fastEthernet 0/1 Router（config – if）#speed 100 //设置端口速度为 100 Mbit/s Router（config – if）#
duplex	设置端口双工模式，例如： Router（config）#interface fastEthernet 0/1 Router（config – if）#tduplex full //设置端口双工模式为"全双工" Router（config – if）#

　　路由器在默认情况下物理端口是关闭的，需要进入端口配置模式，要用"no shutdown"命令手动开启，其他则与交换机基本相同。

9. 3　RIP 路由配置

路由器的基本操作

9. 3. 1　动态路由协议

1. 动态路由协议概述

可以由系统管理员手工设置好静态路由表，也可以配置动态路由协议，根据网络系统的运行情况而自动调整。根据所配置的路由协议提供的功能，动态路由协议可以自动学习和记忆网络运行情况，在需要时自动计算数据传输的最佳路径。动态路由协议适合用于大规模和复杂的网络环境下。

路由协议是运行在路由器上的软件进程，与其他路由器上相同的路由协议交换路由信息，学习非直连网络的路由信息，加入路由表，并在网络拓扑结构变化时自动调整，维护正确的路由信息。

配置了动态路由协议后，动态路由协议通过交换路由信息，生成并维护转发引擎所需的路由表。当网络拓扑结构改变时动态路由协议可以自动更新路由表，并负责决定数据传输最佳路径。

动态路由协议的优点是可以自动适应网络状态的变化，自动维护路由信息，不需要网络管理员的参与。其缺点是由于需要相互交换路由信息，因此占用网络带宽与系统资源。另外，动态路由协议的安全性也不如静态路由。在有冗余连接的复杂大型网络环境中，适合采用动态路由协议。而在动态路由协议中，目的网络是否可达则取决于网络状态。

2. 动态路由协议的分类

动态路由协议可以按工作原理、工作范围、是否携带子网掩码来分类。

（1）动态路由协议按工作原理可以分为距离矢量协议和链路状态协议。

①距离矢量协议：路由器依赖与自己相邻的路由器学习路由，如 RIP、EIGRP。

②链路状态协议：把路由器分成区域，收集区域内所有路由器的链路状态生成网络拓扑图，每个路由器根据网络拓扑图计算出路由，如 OSPE。

（2）动态路由协议按工作范围可以分为内部网关协议（Internal Gateway Protocol，IGP）和外部网关协议（Exterior Gateway Protocol，EGP）。

①IGP：同一自治系统（使用相同路由协议的网络集合）内部交换路由信息，如 OSPF。

②EGP：不同自治系统间交换路由信息，如 BGP。

（3）动态路由协议按路由更新时是否携带子网掩码可以分为有类路由协议、无类路由协议。有类路由协议已被淘汰，如 RIPv1，即宣告路由信息时不支持可变长子网掩码，只使用默认的 A、B、C 三类 IP 地址的默认子网掩码。现在人们使用的均是无类路由协议，即宣告路由信息时支持可变长子网掩码。

9.3.2 距离矢量协议

距离矢量协议基于贝尔曼－福特算法。使用贝尔曼－福特算法的路由器通常以一定的时间间隔向相邻的路由器发送其完整的路由表。接收到路由表的相邻路由器将收到的路由表和自己的路由表进行比较，新的路由或到已知网络的开销更小的路由都被加入路由表。相邻路由器再继续向外广播它自己的路由表（包括更新后的路由表）。距离矢量路由器关心的是到目的网段的距离（开销）和矢量（方向，即从哪个端口转发数据）。在发送数据前，距离矢量协议计算到达目的网段的度量值；在收到相邻路由器通告的路由时，将学到的网段信息和收到此网段信息的端口关联起来，如果有数据要转发到这个网段时，就使用这个关联的端口作为输出端口。

距离矢量算法周期性地将路由表信息的拷贝在路由器之间传送。当网络拓扑结构变化时，其也会将更新信息及时传送给相邻路由器。每个路由器只能接收到网络中相邻路由器的路由表。

　　大多数距离矢量协议以贝尔曼－福特算法为基础（EIGRP 除外）。距离矢量算法的名称由来是其路由是以矢量（距离、大小）方式通告出去的。其中距离是根据度量定义的，方向是由下一跳路由器定义的。距离矢量协议中，每台路由器的信息都依赖于相邻路由器，而相邻路由器又依赖于它们的相邻路由器。所以，距离矢量协议又被认为是"依照传闻进行路由选择"的协议。

　　典型的距离矢量协议都会使用某种路由选择算法。在算法中，路由器通过广播整个路由表，定期向所有相邻路由器发送路由更新信息（EIGRP 除外）。距离矢量协议的共同属性如下。

1. 定期更新

　　定期更新（Periodic Updates）意味着经过特定时间周期就要发送更新信息。

2. 邻居

　　邻居（Neighbor）通常意味着共享相同数据链路的路由器或更高层上的逻辑邻居关系。距离矢量协议向邻居发送路由器（只考虑路由器）更新信息，并依靠邻居再向它们的邻居传递更新信息。

3. 广播更新

　　当路由器被激活时（运行路由协议），它会向网络中广播更新（Broadcast Updates）信息，使运行相同路由协议的路由器收到广播数据包并做出相应动作。它不关心路由更新的主机或运行其他协议的路由器丢弃该数据包。

4. 路由表更新

　　大多数距离矢量协议使用广播向相邻路由器发送整个路由表，而相邻路由器在接收路由表时，只会选择自己的路由表中没有的信息而丢弃其他信息。

9.3.3　RIP 概述

　　路由器的关键作用使网络互相连接，每个路由器与两个以上的实际网络相连，负责在这些网络之间转发数据报。在讨论 IP 选路和报文转发时，人们总是假设路由器包含了正确的路由，而且路由器可以利用 ICMP 重定向机制来要求与之相连的主机更改路由。但在实际情况下，在进行 IP 选路之前必须先通过某种方法获取正确的路由表。在小型的、变化缓慢的互连网络中，管理者可以用手工方式建立和更改路由表。而在大型的、迅速变化的互连网络中，人工更新的方法因速度慢而不能被人们接受。因此，自动更新路由表的方法应运而生，即所谓的动态路由协议，RIP 是其中最简单的一种。

1. RIP 的产生

　　RIP（Routing Information Protocol，路由信息协议）是出现得最早的一种动态路由协议，它最初发源于 UNIX 系统的 GATED 服务，在 RFC1508 文档中对 RIP 进行了描述。RIP 系统的开发是以 XEROX Palo Alto 研究中心（PARC）所进行的研究和 XEROX 的 PDU 和 XNC 路由选择协议为基础的。RIP 的广泛应用得益于它在加利福尼亚大学伯克利分校的许多局域网中的实现。

　　RIP 是一种相对简单的动态路由协议，但在实际使用中有着广泛的应用。RIP 是一种基于贝尔曼－福特算法的路由协议，它通过 UDP 交换路由信息，每隔 30 s 向外发送一次更新报文。如果路由器经过 180 s 没有收到来自相邻路由器的更新报文，则将所有来自此路由器的路由信息标识为不可达；如果在其后 120 s 内仍未收到更新报文，就将该条路由从路由表中删除。RIP 使用跳数（Hop Count）来衡量到达目的网络的距离，称为路由权（Routing Metric）。在 RIP 中，路由器到与它直接相连的网络的跳数为 0（需要注意的是，在 ZTE 路由器中定义为 1，在其他厂家的路由器中定义为 0），通过一个路由器可达的网络的跳数为 1，依此类推。为了限制收敛时间，RIP 规定跳数取 0~15 的整数，大于或等于 16 的跳数被定义为无穷大，即目的网络或主机不可达。

2. RIP 的概念

RIP 是基于贝尔曼 – 福特算法的内部动态路由协议。贝尔曼 – 福特算法又称为距离向量算法。ARPANET（全世界第一个分组交换网）在很早以前就将这种算法用于计算机网络的路由计算了。

由于历史原因，当前的互联网由一系列自治系统组成，各自治系统通过一个核心路由器连到主干网上。每个自治系统都有自己的路由技术，不同的自治系统的路由技术是不相同的。用于自治系统间端口上的单独的协议称为外部网关协议。用于自治系统内部的路由协议称为内部网关协议。内部网关协议与外部网关协议不同，外部网关协议只有一个，而内部网关协议则是一族。各内部网关协议的区别在于距离制式（Distance Metric，即距离度量标准）和路由刷新算法不同。RIP 是使用最广泛的内部网关协议之一，著名的路径刷新程序 Routed 便是基于它实现的。RIP 被设计用于使用同种技术的中型网络，因此适用于大多数校园网和速度变化不是很大的连续的地区性网络。对于更复杂的环境，一般不使用 RIP。

3. RIP 的特点

（1）RIP 属于典型的距离矢量协议。

（2）RIP 通过跳数来衡量距离的优劣。

（3）RIP 允许的最大跳数为 15，当跳数≥16 时表示不可达。

（4）RIP 仅和相邻路由器交换信息。

（5）RIP 交换的路由信息是当前路由器的整个路由表。

（6）RIP 每隔 30 s 周期性地交换路由信息。

（7）RIP 适用于中小型网络，有 RIPv1 和 RIPv2 两个版本。

随着 OSPF 与 IS – IS 的出现，许多人都认为 RIP 已经过时了。而事实上，尽管新的内部网关协议的确比 RIP 优越得多，但 RIP 也确有它自己的一些优点。首先，在一个小型网络中，RIP 对于使用带宽以及网络的配置和管理方面的要求是很少的，与新的内部网关协议相比，RIP 非常容易实现。此外，现在 RIP 还在被人们大量使用，这是 OSPF 与 IS – IS 所不能比的。而且，看起来这种状况还将持续一定时间。既然 RIP 在许多领域和一定时期内仍具有使用价值，那么就有理由增加 RIP 的有效性，这是毫无疑问的，因为对已有技术进行改造来获益比彻底更新技术要现实得多。

9.3.4　RIP 实现

1. RIP 路由表的初始化

路由器在刚开始工作时，只知道在 RIP 中将直连路由的距离定义为 0。例如，路由器 RA、RB 仅知道与它们直接连接的网络信息，RA 在初始化时将它的直连子网 10.1.0.0 和 10.2.0.0 的距离定义为 0；RB 在初始化时将它的直连子网 10.2.0.0 和 10.3.0.0 的距离定义为 0。

2. RIP 路由表的更新

在 RIP 中，路由器每隔 30 s 便周期性地向其相邻路由器发送自己的完整的路由表信息，而且也同样从相邻路由器接收路由信息，然后更新自己的路由表，其遵循的原则如下：

（1）对本路由表中已有的路由项，当发送报文的网关相同时，不论度量值增大还是减小，都更新该路由项。

（2）对本路由表中已有的路由项，当发送报文的网关不同时，只在度量值减小时才更新该路由项。

（3）对本路由表中不存在的路由项，在度量值小于不可达值（16）时，在路由表中增加该路由项。

（4）路由表中的每一路由项都对应一个老化定时器，当路由项在 180 s 内没有任何更新时，定时器超时，该路由项的度量值变为不可达值（16）。

（5）当某路由项的度量值变为不可达值（16）后，路由器在 120 s 之后将它从路由表中清除。

9.3.5　RIP 的工作过程

某路由器刚启动 RIP 时，以广播的形式向相邻路由器发送请求报文，相邻路由器的 RIP 收到请求报文后，响应请求，回发包含本地路由表信息的响应报文。RIP 收到响应报文后，修改本地路由表信息，同时以触发修改的形式向相邻路由器广播本地路由表修改信息。相邻路由器收到触发修改报文后，又向其各自的相邻路由器发送触发修改报文。在一连串的触发修改报文广播后，各路由器的路由表都得到修改并保持最新信息。同时，RIP 每 30 s 向相邻路由器广播一次本地路由表，各相邻路由器的 RIP 在收到路由报文后，对本地路由表进行维护，在众多路由中选择一条最佳路由，并向各自的相邻网广播路由修改信息，使路由达到全局有效。同时，RIP 还采取一种超时机制对过时的路由进行超时处理，以保证路由的实时性和有效性。RIP 作为内部网关协议，正是通过这种报文交换的方式使路由器了解本自治系统内部个网络的路由信息。

RIP 支持 RIPv1 和 RIPv2 两种版本的报文格式。RIPv2 还提供了对子网的支持和认证报文形式。RIPv2 的报文提供子网掩码域，以提供对子网的支持。另外，当报文中的路由项地址域值为 0 × FFFF 时，默认该路由项的剩余部分被认证。

9.3.6　RIP 的配置

（1）开始 RIP 路由进程。

```
Router(config)#router rip
```

（2）选择参与 RIP 路由进程的网络（端口），并在此端口上接收和发送 RIP 路由更新信息。

```
Router(config - router)# network network - wildmask
```

（3）要清除这个设置，使用此命令的"no"格式。

```
Router(config - router)# no network network - wildmask
```

9.4 通过 RIP 进行网络互联

1. 任务准备

在三层交换机上划分出 VLAN10 和 VLAN20，其中 VLAN10 用于连接企业网主机，而 VLAN20 则用于连接路由器 R1。

2. 任务实施步骤

（1）按照图 9 - 3 组建网络。在三层交换机上划分 VLAN10 和 VLAN20，其中 VLAN10 用于连接企业网主机，VLAN20 用于连接路由器 R1。路由器之间通过串口连线，DCE 端连接在 R1 上，将其时钟频率配置为 64 000 Hz。在交换机和路由器 R1 和 R2 上都配置 RIPv2。

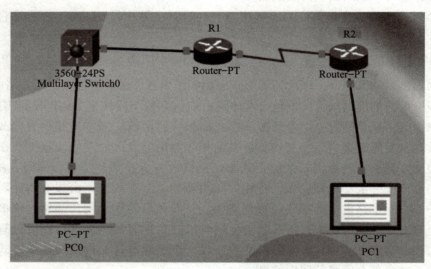

图 9 - 3　网络拓扑

（2）配置交换机的 RIP。

```
Switch > enable
Switch #configure terminal
Switch(config) #ip routing
Switch(config)#vlan 10
Switch(config - vlan) #exit
Switch(config)#vlan 20
Switch(config - vlan)#exit
Switch(config) #interface fastEthernet 0/10
Switch(config - if)#switchport access vlan 10
Switch(config - if)#exit
Switch( config)#interface fastEthernet 0/20
Switch(config - if)#switchport access vlan 20
Switch(config - if)#exit
Switch(config)#exit
Switch #configure terminal
```

```
Switch(config)#interface vlan 10
Switch(config - if)#ip address 192.168.1.1255.255.255.0
Switch(config - if)#exit
Switch(config)#interface vlan 20
Switch(config - if)#ip address 192.168.3.1 255.255.255.0
Switch(config - if )#exit
Switch #configure terminal
Switch(config)#router rip
Switch(config - router)#network 192.168.1.0
Switch(config - router) #network 192.168.3.0
Switch(config - router) #version2   //配置 RIPv2 版本
Switch(config - router)#exit
```

（3）配置路由器的 RIP。

```
Router  > enable
Router #configure terminal
Router( config)#interface fastEthernet 0 /0
Router(config - if) #no shutdown
Router(config - if)#ip address 192.168.3.2255.255.255.0
Router( config - if)#exit
Router(config)#interface serial 2 /0
Router( config - if) #no shutdown
Router( config - if)#ip address 192.168.4.2255.255.255.0
Router( config - if)#clock rate 64000
Router( config - if)#exit
Router( config)#router rip
Router( config - router) #network 192.168.3.0
Router(config - router)#network 192.168.4.0
Router( config - router)#version 2
Router( config - router) #exit
Router  > enable
Router #configure terminal
Router( config)#interface fastEthernet 0 /0
Router( config - if)#no shutdown
Router( config - if)#ip address 192.168.2.1255.255.255.0
Router ( config - if)#exit
Router( config)#interface serial 2 /0
Router( config - if) #no shutdown
Router( config - if)#ip address 192.168.4.1255.255.255.0
Router( config - if)#exit
Router( config)#exit
Router #configure terminal
Router( config)#router rip
Router( config - router ) #network 192.168.4.0 Router( config - router )#network
192.168.2.0
Router( config - router)#version 2
Router( config - router)#exit
Router( config)#exit
```

（4）配置计算机的 IP 地址和网关的 IP 地址。

（5）验证结果。

输入"SW1#show ip route"，查看运行结果；使 PC0 和 PC1 能相互 ping 通。

9.5　路由器的安全配置

9.5.1　路由器口令安全配置

路由器特权用户口令配置。

（1）以在 Cisco 路由器上对口令加密为例，将命令配置为：

```
Router #configure terminal
Router(config)#service password – encryption   //对存放在配置文件中的密码等其他数据
进行加密
Router( config)#enable secret ××××××××        //设置加密密码
```

（2）将特权用户口令设置为：

```
Router > enable
Router #configure terminal
Router(config)# enable secret ××××××××
Router(config)#exit
```

（3）将端口登录口令配置为：

```
Router #
Router #configure terminal
Router(config)#line VTY 0 4
Router(config – line)#login
Router(config – line)#password AAAA
Router(config – line)#exit
Router(config)#line aux 0
outer(config – line)#login
Router(config – line)#password BBBB
Router(config – line)#exit
Router(config)#line con 0
Router(config – line)#login
Router(config – line)#password CCCC
Router(config – line)#exit
```

9.5.2　路由器网络服务的安全设置

对路由器的网络服务安全进行设置，可以防止一些不必要的网络攻击。

以在 Cisco 路由器上对口令加密为例，将命令配置为：

```
Router(config)#no ip http server
Router(config)#no service tcp – small – servers
Router(config)#no service udp – small – servers
```

```
Router(config)#no ip finger
Router(config)#no service finger
Router(config)#no ip bootp server
Router(config)#no ip proxy-arp
Router(config-if)#no ip proxy-arp
Router(config)#no ip domain-loopup
Router(config)#no ip domain-lookup
Router(config)#no cdp enable
Router(config)#no ip source route
Router(config-if)#no ip directed-broadcast
Router(config-if)#no ip redirects
Router(config-if)#no ip unreachables
Router(config-if)#no ip mask-reply
```

做一做

尝试在路由器上配置网络地址转换（NAT），配置内部网络 IP 地址，进行保护内部网络的操作。

动态路由 RIP 的配置

9.6　OSPF

9.6.1　OSPF 原理

OSPF（Open Shortest Path First，开放最短路径优先）属于 IGP 协议，是基于链路状态算法的路由协议，由 IETF 开发。

最初的 OSPF 规范体现在 RFC113 中，这个第 1 版（OSPFv1）很快被进行了重大改进的版本所代替，新版本体现在 RFC1247 文档中，称为 OSPFv2，第 2 版在稳定性和功能性方面有了很大改进。现在 IPv4 网络中所使用的都是 OSPFv2，而 OSPFv3 主要适用于 IPv6。

OSPF 作为基于链路状态的协议，具有收敛快、路由无环、扩展性好等优点，被快速接受并广泛使用。链路状态算法路由协议互相通告的是链路状态信息，每台路由器都将自己的链路状态信息（包含接口的 IP 地址和子网掩码、网络类型、该链路的开销等）发送给其他路由器，并在网络中泛洪，当每台路由器收集到网络内所有链路状态信息后，就能拥有整个网络的拓扑情况，然后根据整个网络的拓扑情况运行 SPF 算法，得出到所有网段的最短路径。

OSPF 支持区域的划分，区域是指从逻辑上将路由器划分为不同的组，每个组用 32 bit 的区域号（Area ID）来标识。一个网段（链路）只能属于一个区域，或者可以说每个运行 OSPF 的接口必须指明属于哪一个区域。区域 0 为骨干区域，骨干区域负责在非骨干区域之间发布区域间的路由信息，一个 OSPF 区域中只能有一个骨干区域。

在 OSPF 单区域中，每台路由器都需要收集其他路由器的链路状态信息，如果网络规模不断扩大，链路状态信息也会随之不断增多，这将使单台路由器上链路状态数据库非常庞大，导致路由器负担加重，也不便于维护和管理。为了解决上述问题，OSPF 可以将整个自治系统划分为不同的区域（Area），就像一个国家的国土面积很大时，会把整个国家划分为不同的省份来管理一样。区域是从逻辑上将路由器划分为不同的组，每个组用区域号

（Area ID）来标识，区域 0 为骨干区域，就像一个国家必须有首都一样，OSPF 必须有骨干区域，且只能有一个，其他区域为非骨干区。每台路由器的不同接口可以属于不同的区域，但是同一网段（链路）必须属于同一区域。

链路状态信息只在区域内部泛洪，区域之间传递的只是路由条目，而非链路状态信息，因此大大减小了路由器的负担。当某台路由器属于不同区域时，称它为区域边界路由器（Area Border Router）。它负责传递区域间路由信息。区域间的路由信息传递类似距离矢量算法，为了防止区域间产生环路，所有非骨干区域之间的路由信息必须经过骨干区域，也就是说，非骨干区域必须和骨干区域相连，且非骨干区域之间不能直接进行路由信息的交互。

OSPF

9.6.2　相关名词

1. Router ID

用于在自治系统中唯一标识一台运行 OSPF 的路由器的 32 位整数，格式和 IP 地址的格式相同，推荐使用路由器的 loopback 地址作为路由器的 Router ID，每个运行 OSPF 的路由器都有一个 Router ID，在整个自治系统中是唯一的，如图 9 - 4 所示。

```
[RTB]display ospf peer

          OSPF Process 1 with Router ID 2.2.2.2
               Neighbors
Area 0.0.0.0 interface 10.1.2.1(Serial0/1)'s neighbors
Router ID: 3.3.3.3        Address: 10.1.2.2        GR State: Normal
```

图 9 - 4　Router ID

2. DR 和 BDR

DR（Designated Router，指定路由器）产生代表本网络的网络路由宣告，这个宣告列出了连到这个网络有哪些路由器，其中包括 DR 自己。DR 同本网络的其他路由器建立一种星型的邻接关系，这种邻接关系用来交换各个路由器的链路状态信息，从而同步链路状态信息库。DR 在路由器的链路状态信息库的同步中起到核心作用。

BDR（Backup Designated Router，备份指定路由器），是指为了保证当 DR 发生故障时尽快接替 DR 的工作，以防止出现由于需要重新选举 DR 和重新构筑拓扑数据库而产生大范围的数据库振荡，因此，BDR 也和本网络中的其他路由器建立邻接关系，如果 DR 存在，则 BDR 不生成网络链路广播消息。

在选出 DR 和 BDR 后，这个网络内其他路由器向 DR、BDR 发送链路状态信息，并经 DR 转发到和 DR 建立邻接关系的其他路由器，当链路状态信息交换完毕时，DR 和其他路由器的邻接关系进入了稳定状态，区域范围内统一的拓扑数据库也就建立了。所有路由器都以这个数据库为基础，采用 SPF 算法计算出各个路由器的路由表，这样就可以进行路由转发了。

3. DR/BDR 选举规则

（1）DR/BDR 由 OSPF 的 Hello 协议选举，选举是根据端口的路由器优先级（Router Priority）进行的。

（2）如果 Router Priority 被设置为 0，那么该路由器将不允许被选举成 DR 或者 BDR。

（3）Router Priority 越大越优先。如果 Router Priority 相同，则 Router ID 大的优先。

（4）DR/BDR 不能抢占。

（5）如果当前 DR 发生故障，当前 BDR 便自动成为新的 DR，在网络中重新选举 BDR；如果当前 BDR 发生故障，则 DR 不变，重新选举 BDR。

在广播网和 NBMA 网络中，任意两台路由器之间都要传递路由信息．如果网络中有 n 台路由器，则需要建立 $n(n-1)/2$ 个邻接关系。这使得任何一台路由器的路由变化都会导致多次传递，浪费了带宽资源。为解决这一问题，OSPF 定义了 DR，所有路由器都只将信息发送给 DR，由 DR 将网络链路状态发送出去。如果 DR 由于某种故障而失效，则网络中的路由器必须重新选举 DR，再与新的 DR 同步。这需要较长的时间，在这段时间内，路由的计算是不正确的。为了能够缩短这个过程，OSPF 提出了 BDR 的概念。每个广播型网络中都有一个 DR 和一个 BDR，如图 9-5 所示。

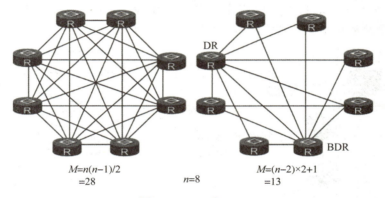

图 9-5 DR 和 BDR

BDR 实际上是对 DR 的一个备份，在选举 DR 的同时也选举出 BDR，而 BDR 也和本网络内的所有路由器建立邻接关系并交换路由信息。由于当 DR 失效后，BDR 会立即成为DR，不需要重新选举，并且邻接关系事先已建立，所以这个过程是非常短暂的。当然，这时还需要再重新选举出一个新的 BDR，虽然一样需要较长的时间，但并不会影响路由的计算。DR 和 BDR 之外的路由器（DR Other）之间将不再建立邻接关系，也不再交换任何路由信息。这样就减少了广播网和 NBMA 网络上各路由器之间邻接关系的数量。

9.6.3 OSPF 的特点

1. 支持无类域间路由和可变长子网掩码

OSPF 是专门为 TCP/IP 环境开发的路由协议，支持无类域间路由（CIDR）和可变长子网掩码（VLSM）。

2. 路由无自环

由于路由的计算是基于详细链路状态信息（网络拓扑信息）的，所采用的 SPF 算法本身不会产生环路，并且 OSPF 报文携带生成者的 ID 信息，因此 OSPF 计算的路由无自环。

3. 收敛速度快

触发式更新，一旦拓扑结构发生变化，新的链路状态信息立刻泛洪，对拓扑的变化很敏感。

4. 使用 IP 组播收发协议数据

OSPF 路由器使用组播和单播收发协议数据，因此占用的网络资源很少。

5. 支持多条等值路由

当到达目的地的等开销路径存在多条时，流量被均衡地分担在这些等开销路径上。

6. 支持协议报文的认证

OSPF 路由器之间交换的所有报文都被验证。

OSPF 最显著的特点是使用链路状态算法，区别于早先的路由协议使用的距离矢量算法，每个路由器通过泛洪链路状态通告（LSA）向外发布本地链路状态信息（如使能 OSPF 的端口，可到达的邻居以及相邻的网段等）。每个路由器通过收集其他路由器发布的链路状态通告以及自身生成的本地链路状态通告，形成一个链路状态数据库（LSDB）。LSDB 描述了路由域内详细的网络拓扑结构。所有路由器上的链路状态数据库是相同的。通过 LSDB，每台路由器计算出一个以自己为根，以网络中其他节点为叶的最短路径树。由此可以得出到网络中其他节点的路由表，具体计算过程如图 9-6 所示。

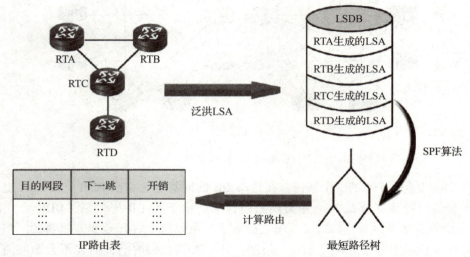

图 9-6　链路状态算法的路由计算过程

此处介绍 OSPF 中的两个基本概念，一个是自治系统，或者说是 OSPF 路由域；另一个是 Router lD。

在 OSPF 中，自治系统（Autonomous System，AS）是指使用同种路由协议交换路由信息的一组路由器。

由于 LSDB 描述的是整个网络的拓扑结构，包括网络内所有的路由器，所以网络内每个路由器都需要有一个唯一的标识，用于在 LSDB 中标识自己。

Router ID 就是这样一个用于在自治系统中唯一标识一台运行 OSPF 的路由器的 32 位整数。每个运行 OSPF 的路由器都有一个 Router ID。

Router ID 的格式和 IP 地址的格式是一样的，推荐使用路由器 Loopback 0 的 IP 地址作为路由器的 Router ID。

区域是一组网段的集合。OSPF 支持将一组网段组合在一起，这样的一个组合称为一个区域，即区域是一组网段的集合。划分区域可以缩小 LSDB 规模，减少网络流量。区域内的详细拓扑信息不向其他区域发送，区域间传递的是抽象的路由信息，而不是详细的描述拓扑结构的链路状态信息。每个区域都有自己的 LSDB，不同区域的 LSDB 是不同的。路由器会为每一个自己所连接到的区域维护一个单独的 LSDB。由于详细链路状态信息不会被发布到区域以外，LSDB 的规模大大缩小了。

Area 0 为骨干区域，负责在非骨干区域之间发布由区域边界路由器汇总的路由信息（并非详细的链路状态信息）。为了避免区域间路由环路，非骨干区域之间不允许直接相互发布区域间路由信息。因此，所有区域边界路由器都至少有一个接口属于 Area 0，即每个区域都必须连接到骨干区域，如图 9 − 7 所示。

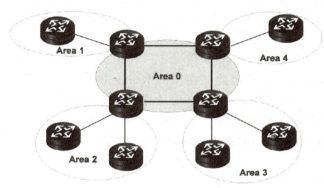

图 9 − 7　将 AS 划分为多个区域

9.6.4　路由器分类

路由器的分类如图 9 − 8 所示。

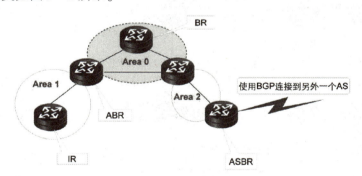

图 9 − 8　路由器的分类

1. 内部路由器

内部路由器（Internal Router，IR）是指所有所连接的网段都在一个区域的路由器。属于同一个区域的 IR 维护相同的 LSDB。

2. 区域边界路由器

区域边界路由器（Area Border Router，ABR）是指连接到多个区域的路由器。ABR 为其连接的每一个区域维护一个 LSDB。

3. 骨干路由器

骨干路由器（Backbone Router，BR）是指至少有一个端口（或者虚连接）连接到骨干区域的路由器。包括所有的 ABR 和所有端口都在骨干区域的路由器。

4. AS 边界路由器

AS 边界路由器（AS Boundary Router，ASBR）是指和其他 AS 中的路由器交换路由信息的路由器，这种路由器向整个 AS 通告 AS 外部路由信息。

AS 边界路由器可以是内部路由器 IR，或者 ABR；可以属于骨干区域，也可以不属于骨干区域。

9.6.5 OSPF 基本配置

网络中共有 4 个路由器，其拓扑结构如图 9 - 9 所示，每个路由器使用 Loopback 0 接口的 IP 地址作为 Router ID。整个路由域分为三个区域。RTB 和 RTC 作为 ABR。此处省略端口和 IP 地址的配置。

OSPF 基本配置包括：

（1）router id router - id：指定此路由器的 Router ID。如果不手动指定 Router ID，则OSPF 自动使用 Loopback 接口中最大的 IP 地址作为 Router ID，如果没有配置 Loopback 接口，则使用物理接口中最大的 IP 地址作为 Router ID。

（2）ospf process - id：开启 OSPF。OSPF 支持多进程，如果不指定进程号，则默认使用进程号码 1。

（3）area - id：进入区域视图。

（4）network ip - address wildcard：指定接口所在的网段地址，当指定网段时，要使用该网段网络掩码的反码。

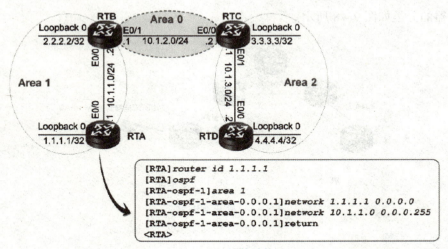

图 9 - 9　拓扑结构

在 RTB 上需要配置两个区域，一个是骨干区域，另一个是非骨干区域。Loopback 0 接口地址只在一个区域内宣告即可，如图 9 - 10 所示。

在 RTC 上需要配置两个区域，一个是骨干区域，另一个是非骨干区域，如图 9 - 11 所示。

RTD 上只有一个区域（Area 2），其配置如图 9 - 12 所示。

接下来进行路由表验证，可以通过 OSPF 从图 9 - 13 所示的路由表的路由条目中学到。

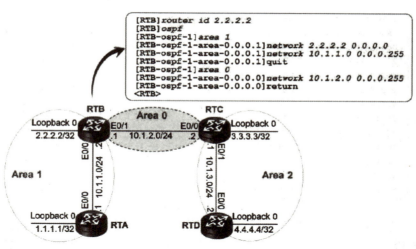

图 9 – 10　RTB 区域的配置

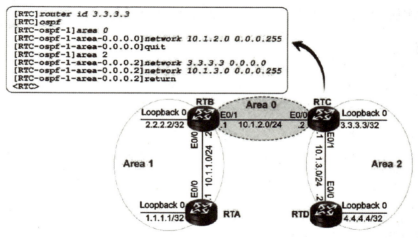

图 9 – 11　RTC 区域的配置

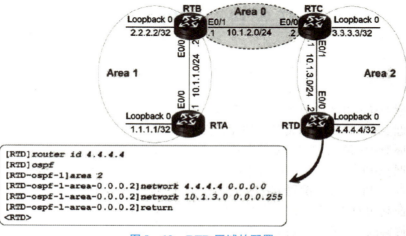

图 9 – 12　RTD 区域的配置

```
[RTD]display ip routing-table
  Routing Table: public net
Destination/Mask    Protocol Pre  Cost      Nexthop        Interface
1.1.1.1/32          OSPF     10   4         10.1.3.1       Ethernet0/0
2.2.2.2/32          OSPF     10   3         10.1.3.1       Ethernet0/0
3.3.3.3/32          OSPF     10   2         10.1.3.1       Ethernet0/0
4.4.4.4/32          DIRECT   0    0         127.0.0.1      InLoopBack0
10.1.1.0/24         OSPF     10   3         10.1.3.1       Ethernet0/0
10.1.2.0/24         OSPF     10   2         10.1.3.1       Ethernet0/0
10.1.3.0/24         DIRECT   0    0         10.1.3.2       Ethernet0/0
10.1.3.2/32         DIRECT   0    0         127.0.0.1      InLoopBack0
127.0.0.0/8         DIRECT   0    0         127.0.0.1      InLoopBack0
127.0.0.1/32        DIRECT   0    0         127.0.0.1      InLoopBack0
```

图 9-13 路由表验证

总结与评价

通过对本任务的学习，学生能够掌握 RIP 路由的配置方法。

动态路由协议
OSPF 的配置

考核评价

考核项目	权值	考核内容		评分
职业素养	5%	迟到、早退		
	10%	执着专注、精益求精、一丝不苟		
技能目标	35%	路由器配置	路由器常用配置命令	
	20%		RIP 路由表初始化	
	30%		RIP 配置命令	
合计				

任务 10 OSPF 配置

任务目的

（1）掌握 OSPF 单区域及多区域的基本配置。
（2）掌握 NSSA 区域及相关参数的配置方法。
（3）掌握 OSPF 路由过滤的配置方法。
（4）掌握 OSPF 路由汇总的配置方法。
（5）掌握 OSPF 认证的配置方法。
（6）掌握利用 OSPF 发布缺省路由的配置方法。
（7）掌握修改 OSPF 计时器的配置方法。
（8）掌握 OSPF 虚连接的配置方法。

（9）掌握 LSA 过滤的配置方法。

（10）培养学生独立思考、团队协作及争创一流的精神。

任 务 要 求

请根据如下需求对公司网络进行部署：

（1）按照拓扑配置 OSPF 多区域，在 R3 与 R6、R4 与 R6 间配置 RIPv2。R1，R2，R3，R4 的环回接口 0 通告入 Area 0，R5 的通告入 Area 1，R6 的直连接口的通告入 RIP 中。

（2）R6 上的公司内部业务网段 192.168.10.0/24 和 192.168.20.0/24 通告入 RIP 中，R5 上的公司外部业务网段 172.16.10.0/24 和 172.16.20.0/24 引入 OSPF 中。

（3）在 R3，R4 上配置 OSPF 与 RIP 间的双点双向路由引入，将业务网段 192.168.10.0/24 和 192.168.20.0/24 引入 OSPF 中。

（4）通过配置减少 Area 2 中维护的 LSA 条目数量，包括 Type – 3 LSA 和 Type – 5 LSA。

（5）通过配置使 R5 上的业务网段通过 R1 访问 192.168.10.0/24 网段，通过 R2 访问 192.168.20.0/24 网段，仅在 R3 上配置。

（6）通过配置解决当前 OSPF 网络中存在的次优路径问题。

（7）R1 与 R2 间的物理链路状态不稳定，尝试通过适当配置来提高 OSPF 网络的稳定性。

（8）优化 R5 的 OSPF 路由表，减少其需要维护的 LSA 条目，并汇总 R5 上的两条业务网段。

（9）根据 R2 与 R4 之间的链路状况，适当调整 OSPF 的相关计时器。

（10）为了提高 OSPF 网络安全性，部署 OSPF 区域的密文认证。

A 公司网络拓扑结构如图 10 – 1 所示。

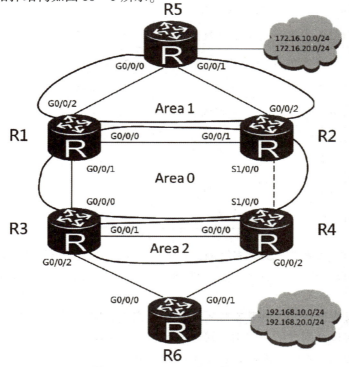

图 10 – 1 A 公司网络拓扑结构

实验编址表如表10-1所示。

表10-1　实验编址表

设备	接口	IP 地址	子网掩码	默认网关
R1	G 0/0/0	10.0.12.1	255.255.255.0	N/A
	G 0/0/1	10.0.13.1	255.255.255.0	N/A
	G 0/0/2	10.0.15.1	255.255.255.0	N/A
	Loopback 0	10.0.1.1	255.255.255.255	N/A
R2	G 0/0/1	10.0.12.2	255.255.255.0	N/A
	G 0/0/2	10.0.25.2	255.255.255.0	N/A
	S 1/0/0	10.0.24.2	255.255.255.0	N/A
	Loopback 0	10.0.2.2	255.255.255.255	N/A
R3	G 0/0/0	10.0.13.3	255.255.255.0	N/A
	G 0/0/1	10.0.34.3	255.255.255.0	N/A
	G 0/0/2	10.0.36.3	255.255.255.0	N/A
	Loopback 0	10.0.3.3	255.255.255.255	N/A
R4	G 0/0/0	10.0.34.4	255.255.255.0	N/A
	G 0/0/2	10.0.46.4	255.255.255.0	N/A
	S 1/0/0	10.0.24.4	255.255.255.0	N/A
	Loopback 0	10.0.4.4	255.255.255.255	N/A
R5	G 0/0/0	10.0.15.5	255.255.255.0	N/A
	G 0/0/1	10.0.25.5	255.255.255.0	N/A
	Loopback 0	10.0.5.5	255.255.255.255	N/A
R6	G 0/0/0	10.0.36.6	255.255.255.0	N/A
	G 0/0/1	10.0.46.6	255.255.255.0	N/A
	Loopback 0	10.0.6.6	255.255.255.255	N/A

（1）按照拓扑结构配置 OSPF 多区域，在 R3 与 R6、R4 与 R6 间配置 RIPv2。R1，R2，R3，R4 的环回接口 0 通告入 Area 0，R5 的通告入 Area 1，R6 的直连接口通告入 RIP 中。具体分析如下：

根据实验编址表进行相应的基本配置，待配置完成后检查 OSPF 的邻居建立情况、各设备间关于各环回接口 0 网段所在路由的接收情况，以及 RIP 路由域的工作情况。下面以 R3 为例，其相关参数如图10-2所示，省略了部分信息。

验证参考指令如下：

```
display ospf peer brief
display ip routing-table protocol ospfdisplay rip 1 route
display ospf routing
display ip routing-table protocol rip
```

[R3]display ip routing-table

Route Flags: R - relay, D - download to fib

Routing Tables: Public

　　　　　　　　　Destinations : 28　　　Routes : 29

Destination/Mask	Proto	Pre	Cost	Flags	NextHop	Interface
10.0.1.1/32	OSPF	10	1	D	10.0.13.1	GigabitEthernet0/0/0
10.0.2.2/32	OSPF	10	2	D	10.0.13.1	GigabitEthernet0/0/0
10.0.4.4/32	OSPF	10	50	D	10.0.13.1	GigabitEthernet0/0/0
10.0.5.5/32	OSPF	10	2	D	10.0.13.1	GigabitEthernet0/0/0
10.0.6.6/32	RIP	100	1	D	10.0.36.6	GigabitEthernet0/0/2
10.0.12.0/24	OSPF	10	2	D	10.0.13.1	GigabitEthernet0/0/0
10.0.15.0/24	OSPF	10	2	D	10.0.13.1	GigabitEthernet0/0/0
10.0.24.0/24	OSPF	10	50	D	10.0.13.1	GigabitEthernet0/0/0
10.0.25.0/24	OSPF	10	3	D	10.0.13.1	GigabitEthernet0/0/0
10.0.46.0/24	RIP	100	1	D	10.0.36.6	GigabitEthernet0/0/2
	RIP	100	1	D	10.0.34.4	GigabitEthernet0/0/1
172.16.10.0/24	O_ASE	150	1	D	10.0.13.1	GigabitEthernet0/0/0
172.16.20.0/24	O_ASE	150	1	D	10.0.13.1	GigabitEthernet0/0/0
192.168.10.0/24	RIP	100	1	D	10.0.36.6	GigabitEthernet0/0/2
192.168.20.0/24	RIP	100	1	D	10.0.36.6	GigabitEthernet0/0/2

图 10 – 2　R3 相关参数

（2）R6 上的公司内部业务网段 192. 168. 10. 0/24 和 192. 168. 20. 0/24 通告入 RIP 中，R5 上的外部业务网段 172. 16. 10. 0/24 和 172. 16. 20. 0/24 引入 OSPF 中。具体分析如下：

RIP 只支持在进程下的主类网络通告，但是在第 2 版里只需要自动识别 VLSM，按照正常掩码来通告路由即可。

在 R5 上配置路由引入时需注意，要求是引入 172. 16. 10. 0/24 与 172. 16. 20. 0/24 这两个网段，不要将其他无关网段引入。

当配置完成后，以 R1 为例，其相关参数如图 10 – 3 所示，省略了部分信息。

（3）在 R3 和 R4 上配置 OSPF 与 RIP 之间的双点双向路由引入，将业务网段 192. 168. 10. 0/24 和 192. 168. 20. 0/24 引入 OSPF 中。

当配置完成后，以 R3 和 R4 为例，将观察到如图 10 – 4 所示相关参数，省略了部分信息。

111

```
[R1]display ip routing-table

Route Flags: R - relay, D - download to fib
------------------------------------------------------------------

Routing Tables: Public
            Destinations : 23        Routes : 23
Destination/Mask   Proto   Pre   Cost   Flags NextHop        Interface
172.16.10.0/24     O_ASE   150   1      D     10.0.15.5      GigabitEthernet0/0/2
172.16.20.0/24     O_ASE   150   1      D     10.0.15.5      GigabitEthernet0/0/2
```

图 10 – 3　R1 相关参数

```
[R3]display ospf routing

        OSPF Process 1 with Router ID 10.0.3.3
              Routing Tables
Routing for ASEs
```

Destination	Cost	Type	Tag	NextHop	AdvRouter
172.16.0.0/16	2	Type2	1	10.0.13.1	10.0.5.5
192.168.10.0/24	1	Type2	1	202.101.34.4	10.0.4.4
192.168.20.0/24	1	Type2	1	202.101.34.4	10.0.4.4

Routing for NSSAs

Destination	Cost	Type	Tag	NextHop	AdvRouter
192.168.10.0/24	1	Type2	1	10.0.34.4	10.0.4.4
192.168.20.0/24	1	Type2	1	10.0.34.4	10.0.4.4

```
<R4>display ospf routing

        OSPF Process 1 with Router ID 10.0.4.4
              Routing Tables
Routing for ASEs
```

Destination	Cost	Type	Tag	NextHop	AdvRouter
172.16.0.0/16	2	Type2	1	202.101.34.3	10.0.5.5
192.168.10.0/24	1	Type2	1	202.101.34.3	10.0.3.3
192.168.20.0/24	1	Type2	1	202.101.34.3	10.0.3.3

Routing for NSSAs

Destination	Cost	Type	Tag	NextHop	AdvRouter
192.168.10.0/24	1	Type2	1	10.0.34.3	10.0.3.3
192.168.20.0/24	1	Type2	1	10.0.34.3	10.0.3.3

图 10 – 4　R3 和 R4 相关参数

　　在配置将 RIP 路由引入 OSPF 时需注意，仅要求引入 192. 168. 10. 0/24 与 192. 168. 20. 0/24 两个业务网段。

当配置完成后，以 R5 为例，其相关参数如图 10 - 5 所示，省略了部分信息。

```
[R5]display ip routing-
Route Flags: R - relay, D - download to fib
----------------------------------------------------
Routing Tables: Public
            Destinations : 27        Routes : 28
Destination/Mas   Proto   Pre  Cost  Flags  NextHop        Interface
192.168.10.0/24   O_ASE   150   1      D     10.0.15.1      GigabitEthernet0/0/0
192.168.20.0/24   O_ASE   150   1      D     10.0.15.1      GigabitEthernet0/0/0
```

图 10 - 5　R5 相关参数

（4）通过配置减少 Area 2 中的维护的 LSA 条目数量，包括 Type - 3 LSA 和 Type - 5 LSA。具体分析如下：

在完全 Stub 区域或者完全 NSSA 区域均可以实现该需求。此处使用 NSSA 区域来实现，OSPF 在 NSSA 区域 ABR 向骨干区域通告路由时，默认只会选择 Router ID 最大的 ABR 来完成 LSA -7 转 LSA -5 的操作，可以通过命令设置来强制指定多台 ABR 同时执行 LSA 的转换。这里由于 R4 比 R3 的 Router ID 大，所以默认 R4 执行 LSA -7 转 LSA -5 的操作。由于目前 Area 2 中的 R3 和 R4 为 ASBR，因此将其配置为 NSSA 区域可以实现相关需求。

当配置完成后，以 R3 为例，其相关参数如图 10 -6 所示，省略了部分信息。

```
[R3]display ospf lsdb
        OSPF Process 1 with Router ID 10.0.3.3
          Link State Database
                    Area: 0.0.0.2
Type      LinkState ID   AdvRouter      Age  Len  Sequence    Metric
Router    10.0.3.3       10.0.3.3       162  36   80000005    1
Router    10.0.4.4       10.0.4.4       159  36   80000005    1
Network   10.0.34.4      10.0.4.4       159  32   80000002    0
Sum-Net   0.0.0.0        10.0.3.3       233  28   80000001    1
Sum-Net   0.0.0.0        10.0.4.4       215  28   80000001    1
NSSA      0.0.0.0        10.0.3.3       233  36   80000001    1
NSSA      192.168.10.0   10.0.3.3       233  36   80000001    1
NSSA      192.168.20.0   10.0.3.3       233  36   80000001    1
NSSA      0.0.0.0        10.0.4.4       215  36   80000001    1
NSSA      192.168.10.0   10.0.4.4       216  36   80000001    1
NSSA      192.168.20.0   10.0.4.4       216  36   80000001    1
```

图 10 - 6　R3 相关参数

（5）通过配置，R5 上的业务网段通过 R1 访问 192.168.10.0/24 网段，再通过 R2 访问 192.168.20.0/24 网段，仅在 R3 上配置。具体分析如下：

OSPF 默认引入外部路由为 Type - 2，该类型路由 Metric 在传递过程中始终为 1，既可以在引入时修改类型，也可以修改 Metric 值。其中 Type - 1 比 Type - 2 的优先级高。OSPF 在收到邻居传递的多条相同的外部 LSA 时，会默认按照 LSA – 4 来选择离 ASBR 最近的邻居作为下一跳路由。

分析在默认情况下所产生现象的原因，结合仅在 R3 上配置的要求，可以采用修改 Cost 值的方法配置。

当配置完成后，以 R5 为例，其相关参数如图 10 – 7 所示，省略了部分信息。

```
<R5>display ip routing-

Route Flags: R - relay, D - download to fib

-------------------------------------------------------------------------

Routing Tables: Public

        Destinations : 27      Routes : 28

Destination/Mas    Proto    Pre   Cost  Flags  NextHop          Interface

192.168.10.0/24    O_ASE    150   3           D      10.0.15.1      GigabitEthernet0/0/0

192.168.20.0/24    O_ASE    150   1           D      10.0.15.1      GigabitEthernet0/0/0


<R5>display ospf routing

        OSPF Process 1 with Router ID 10.0.5.5

            Routing Tables

Routing for Network

Destination       Cost   Type      NextHop         AdvRouter      Area

10.0.5.5/32       0      Stub      10.0.5.5        10.0.5.5       0.0.0.1

10.0.15.0/24      1      Transit   10.0.15.5       10.0.5.5       0.0.0.1

10.0.25.0/24      1      Transit   10.0.25.5       10.0.5.5       0.0.0.1

10.0.1.1/32       1      Inter-area 10.0.15.1      10.0.1.1       0.0.0.1

10.0.2.2/32       1      Inter-area 10.0.25.2      10.0.2.2       0.0.0.1

10.0.3.3/32       2      Inter-area 10.0.15.1      10.0.1.1       0.0.0.1

10.0.4.4/32       1563   Inter-area 10.0.25.2      10.0.2.2       0.0.0.1

Routing for ASEs

Destination       Cost   Type      Tag       NextHop        AdvRouter

192.168.10.0/24   1      Type2     1         10.0.15.1      10.0.3.3

192.168.20.0/24   1      Type2     1         10.0.25.2      10.0.4.4

Total Nets: 9

Intra Area: 3   Inter Area: 4   ASE: 2   NSSA: 0


<R5>tracert -a 172.16.10.1 192.168.10.1

 traceroute to   192.168.10.1(192.168.10.1), max hops: 30 ,packet length: 40,press CTRL_C
to break

 1 10.0.15.1 50 ms   10 ms   50 ms
```

图 10 – 7   R5 相关参数

```
2 10.0.13.3 50 ms   60 ms   90 ms

3 10.0.36.6 140 ms   70 ms   120 ms


<R5>tracert -a 172.16.10.1 192.168.20.1

traceroute to   192.168.20.1(192.168.20.1), max hops: 30 ,packet length: 40,press CTRL_C

to break

1 10.0.25.2 20 ms   20 ms   40 ms

2 10.0.24.4 60 ms   80 ms   70 ms

3 10.0.46.6 120 ms   110 ms   90 ms
```

图 10 - 7　R5 相关参数（续）

（6）通过配置解决当前 OSPF 网络中存在的次优路径问题，具体操作如下：

观察拓扑结构可知，R2 与 R4 间的链路为串行链路，其带宽远小于以太网链路。结合该点进行分析，以环回接口 0 作为测试对象，使 OSPF 网络中的每台设备上所拥有的其他设备的环回接口 0 所在网段的路由条目选择的路径最优。

R3 和 R4 的 Loopback 0 接口默认在 Area 0 里，区域内路由的优先级高于区域间路由，当 R4 的 Loopback 0 访问 R3 时，必须经过 R2 才能转发出去，此处应该考虑建立一个虚拟线路连通，而对于 R3 和 R4，可以考虑使用 GRE 隧道，并修改成合理的 Cost 值。当配置完成后，以 R5 为例，其相关参数如图 10 - 8 所示，省略了部分信息。

（7）R1 与 R2 间的物理链路状态不稳定，尝试通过适当配置以提高 OSPF 网络的稳定性，具体分析如下：

OSPF 规定骨干区域 0 必须是完整区域，当 R1 和 R2 断开时，Area 0 将被分成为两个孤立的 Area 0，与 RFC 的规定冲突。

虚连接是能够穿过一个非骨干或非特殊区域的一种虚拟连接线路，可以实现分裂 Area 0 的逻辑连接，使其保持完整，也可以用来解决不连续区域的问题，还可以作为备份链路使用。

根据需求，假设 R1 与 R2 之间的物理链路发生故障断开，请分析此时会导致什么后果？根据分析结果，完成适当的 OSPF 配置。

当配置完成后，以 R1 为例，其相关参数如图 10 - 9 所示，省略了部分信息。

（8）优化 R5 的 OSPF 路由表，减少其需要维护的 LSA 条目，并汇总 R5 上的两条业务网段，具体分析如下：

OSPF 和 ISIS 都是链路状态路由协议，它们在区域内传递路由时使用的是 LSA 和 LSP，路由信息没有被直接传递。但是 OSPF 的 LSA - 3、LSA - 5 和 LSA - 7 传递的是路由信息。R1 和 R2 同样可以通过在 Area 1 里部署 Filter - policy 来限制 LSA - 3。

了解 OSPF 过滤路由与过滤 LSA 的异同，选用合适的命令实现相关需求。

当配置完成后，以 R5 为例，其相关参数如图 10 - 10 所示，省略了部分信息。

（9）根据 R2 与 R4 间的链路状况，适当调整 OSPF 相关计时器，具体分析如下：

```
<R5>display ip routing-table protocol ospf

Route Flags: R - relay, D - download to fib

----------------------------------------------------------------

Public routing table : OSPF

          Destinations : 15        Routes : 16

OSPF routing table status : <Active>

          Destinations : 15        Routes : 16

Destination/Mask   Proto   Pre   Cost Flags  NextHop          Interface

10.0.1.1/32        OSPF    10    1     D     10.0.15.1        GigabitEthernet0/0/0

10.0.2.2/32        OSPF    10    1     D     10.0.25.2        GigabitEthernet0/0/1

10.0.3.3/32        OSPF    10    2     D     10.0.15.1        GigabitEthernet0/0/0

10.0.4.4/32        OSPF    10    3     D     10.0.15.1        GigabitEthernet0/0/0
```

```
<R3>tracert -a 10.0.3.3 10.0.4.4

 traceroute to   10.0.4.4(10.0.4.4), max hops: 30 ,packet length: 40,press CTRL_C to break

 1 202.101.34.4 20 ms   50 ms   40 ms


<R3>display ip routing-table

Destination/Mask     Proto   Pre  Cost      Flags NextHop          Interface

    10.0.0.0/8       RIP     100  1          D    10.0.36.6        GigabitEthernet0/0/2

    10.0.1.1/32      OSPF    10   1          D    10.0.13.1        GigabitEthernet0/0/0

    10.0.2.2/32      OSPF    10   2          D    10.0.13.1        GigabitEthernet0/0/0

    10.0.3.3/32      Direct  0    0          D    127.0.0.1        LoopBack0

    10.0.4.4/32      OSPF    10   1          D    202.101.34.4     Tunnel0/0/0

    10.0.5.5/32      OSPF    10   2          D    10.0.13.1        GigabitEthernet0/0/0

    10.0.6.6/32      RIP     100  1          D    10.0.36.6        GigabitEthernet0/0/2
```

图 10 – 8   R5 和 R3 相关参数

```
<R1>display ospf vlink

          OSPF Process 1 with Router ID 10.0.1.1

              Virtual Links

 Virtual-link Neighbor-id   -> 10.0.2.2, Neighbor-State: Full

 Interface: 10.0.15.1 (GigabitEthernet0/0/2)

 Cost: 2  State: P-2-P   Type: Virtual

 Transit Area: 0.0.0.1

 Timers: Hello 10 , Dead 40 , Retransmit 5 , Transmit Delay 1
```

图 10 – 9   R1 相关参数

```
[R5]display ip routing-table protocol ospf
Route Flags: R - relay, D - download to fib
------------------------------------------------------------------
Public routing table : OSPF
          Destinations : 6        Routes : 6
OSPF routing table status : <Active>
          Destinations : 6        Routes : 6
Destination/Mask   Proto  Pre Cost  Flags  NextHop          Interface

10.0.1.1/32        OSPF   10   1     D      10.0.15.1        GigabitEthernet0/0/0

10.0.2.2/32        OSPF   10   1     D      10.0.25.2        GigabitEthernet0/0/1

10.0.3.3/32        OSPF   10   2     D      10.0.15.1        GigabitEthernet0/0/0

10.0.4.4/32        OSPF   10   3     D      10.0.15.1        GigabitEthernet0/0/0

192.168.10.0/24    O_ASE 150  1     D      10.0.15.1        GigabitEthernet0/0/0

192.168.20.0/24    O_ASE 150  1     D      10.0.15.1        GigabitEthernet0/0/0

OSPF routing table status : <Inactive>
          Destinations : 0        Routes : 0
```

图 10 – 10　R5 相关参数

理解 OSPF 的邻居建立规则，根据实际情况做相应调整。Serial 线路是低速线路，OSPF 默认 P2P 和 Broadcast 链路上的 Hello 和 Dead 时间均为 10s 和 40s。为降低对低速线路的带宽占用，此处可以调整 Hello 时间来实现。其中 Dead 的时间默认是 Hello 的 4 倍，它会自动计算，不用另行设置。

当配置完成后，以 R2 为例，其相关参数如图 10 – 11 所示，省略了部分信息。

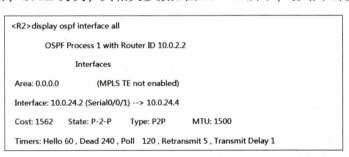

```
<R2>display ospf interface all
          OSPF Process 1 with Router ID 10.0.2.2
               Interfaces
Area: 0.0.0.0          (MPLS TE not enabled)
Interface: 10.0.24.2 (Serial0/0/1) --> 10.0.24.4
Cost: 1562    State: P-2-P    Type: P2P    MTU: 1500
Timers: Hello 60 , Dead 240 , Poll  120 , Retransmit 5 , Transmit Delay 1
```

图 10 – 11　R2 相关参数

（10）为了提高 OSPF 网络安全性，可部署 OSPF 区域密文认证。在三个 OSPF 区域中分别部署区域密文认证，密钥可使用"huawei"。

OSPF 中虚连接默认是 Area 0 的逻辑线路，所以 Area 0 的认证也会对虚连接上收发的数据包进行加密。此外，虚连接本身可以实现加密功能，优先级高于区域认证。

当配置完成后，以 R2 为例，其相关参数如图 10 – 12 所示，省略了部分信息。

做一做：

完成需求 6 之后，反观需求 5 是否仍然满足？如果不满足，请分析原因并找到解决方案。

```
<R2>display ospf peer GigabitEthernet 0/0/1

        OSPF Process 1 with Router ID 10.0.2.2

            Neighbors

Area 0.0.0.0 interface 10.0.12.2(GigabitEthernet0/0/1)'s neighbors

Router ID: 10.0.1.1          Address: 10.0.12.1

  State: Full   Mode:Nbr is   Slave   Priority: 1

  DR: 10.0.12.2   BDR: 10.0.12.1   MTU: 0

  Dead timer due in 37sec

  Retrans timer interval: 5

  Neighbor is up for 00:14:13

  Authentication Sequence: [95]
```

图 10 – 12　R2 相关参数

分析提示：

需求 6 在部署完成以后，R5 在去往 ASBR – R4 时，会参照 LSA – 4 来选择最优路径，此时可以对比部署 Tunnel0/0/0 前后的 OSPF 路由表。

以 R5 为例，其相关参数如图 10 – 13 所示，省略了部分信息。

```
●  Tunnel0/0/0 未建立：
<R5>display ospf routing

        OSPF Process 1 with Router ID 10.0.5.5

            Routing Tables

  Routing for Network

  Destination      Cost   Type        NextHop        AdvRouter       Area

  10.0.4.4/32      1563   Inter-area  10.0.25.2      10.0.2.2        0.0.0.1

    Routing for ASEs

  Destination      Cost        Type        Tag        NextHop        AdvRouter

  192.168.10.0/24  1           Type2       1          10.0.15.1      10.0.3.3

  192.168.20.0/24  1           Type2       1          10.0.25.2      10.0.4.4

●  Tunnel0/0/0 已建立：
<R5>display ospf routing

        OSPF Process 1 with Router ID 10.0.5.5

            Routing Tables

  Routing for Network

  Destination      Cost   Type        NextHop        AdvRouter       Area

  10.0.4.4/32      3      Inter-area  10.0.15.1      10.0.1.1        0.0.0.1

    Routing for ASEs

  Destination      Cost        Type        Tag        NextHop        AdvRouter

  192.168.10.0/24  1           Type2       1          10.0.15.1      10.0.3.3

  192.168.20.0/24  1           Type2       1          10.0.15.1      10.0.4.4
```

图 10 – 13　R5 相关参数

　　可以在 R5 上部署策略路由，强制修改数据包的出接口或者下一跳路由，这样就可以跳过路由表选路了，具体配置如图 10 – 14 所示。

```
<R1>display current-configuration
#
 sysname R1
#
acl number 2000
 rule 5 permit source 10.0.12.0 0.0.0.255
 rule 10 permit source 10.0.13.0 0.0.0.255
 rule 15 permit source 10.0.24.0 0.0.0.255
 rule 20 permit source 10.0.34.0 0.0.0.255
 rule 25 permit source 202.101.34.0 0.0.0.255
#
interface GigabitEthernet0/0/0
 ip address 10.0.12.1 255.255.255.0
#
interface GigabitEthernet0/0/1
 ip address 10.0.13.1 255.255.255.0
#
interface GigabitEthernet0/0/2
 ip address 10.0.15.1 255.255.255.0
#
interface LoopBack0
 ip address 10.0.1.1 255.255.255.255
#
ospf 1 router-id 10.0.1.1
 area 0.0.0.0
  authentication-mode md5 1 plain huawei
  network 10.0.1.1 0.0.0.0
```

图 10 – 14　具体配置

```
   network 10.0.12.1 0.0.0.0

   network 10.0.13.1 0.0.0.0

  area 0.0.0.1

   authentication-mode md5 1 plain huawei

   filter route-policy R1 import

   network 10.0.15.1 0.0.0.0

   vlink-peer 10.0.2.2 md5 1 plain huawei

#

route-policy R1 deny node 10

 if-match acl 2000

#

route-policy R1 permit node 20

#

return


<R2>display current-configuration

#

 sysname R2

#

acl number 2000

 rule 5 permit source 10.0.12.0 0.0.0.255

 rule 10 permit source 10.0.13.0 0.0.0.255

 rule 15 permit source 10.0.24.0 0.0.0.255

 rule 20 permit source 10.0.34.0 0.0.0.255

 rule 25 permit source 202.101.34.0 0.0.0.255

#

interface Serial1/0/0

 link-protocol ppp
```

图 10 – 14　具体配置（续）

```
 ip address 10.0.24.2 255.255.255.0

 ospf timer hello 60

#

interface GigabitEthernet0/0/1

 ip address 10.0.12.2 255.255.255.0

#

interface GigabitEthernet0/0/2

 ip address 10.0.25.2 255.255.255.0

#

interface LoopBack0

 ip address 10.0.2.2 255.255.255.255

#

#

ospf 1 router-id 10.0.2.2

 area 0.0.0.0

  authentication-mode md5 1 plain huawei

  network 10.0.2.2 0.0.0.0

  network 10.0.12.2 0.0.0.0

  network 10.0.24.2 0.0.0.0

 area 0.0.0.1

  authentication-mode md5 1 plain huawei

  filter route-policy R2 import

  network 10.0.25.2 0.0.0.0

  vlink-peer 10.0.1.1 md5 1 plain huawei

#

route-policy R2 deny node 10

 if-match acl 2000

#

route-policy R2 permit node 20
```

图 10 – 14　具体配置（续）

```
#
user-interface con 0
 authentication-mode password
 idle-timeout 0 0
user-interface vty 0 4
user-interface vty 16 20
#
return


<R3>display current-configuration
#
 sysname R3
#
acl number 2000
 rule 5 permit source 192.168.10.0 0.0.0.255
acl number 2001
 rule 5 permit source 192.168.20.0 0.0.0.255
#
interface GigabitEthernet0/0/0
 ip address 10.0.13.3 255.255.255.0
#
interface GigabitEthernet0/0/1
 ip address 10.0.34.3 255.255.255.0
#
interface GigabitEthernet0/0/2
 ip address 10.0.36.3 255.255.255.0
#
interface LoopBack0
```

图 10 – 14　具体配置（续）

```
 ip address 10.0.3.3 255.255.255.255
#
interface Tunnel0/0/0
 ip address 202.101.34.3 255.255.255.0
 tunnel-protocol gre
 source 10.0.34.3
 destination 10.0.34.4
 ospf cost 1
 ospf network-type broadcast
#
ospf 1 router-id 10.0.3.3
 import-route rip 1 route-policy R2O
 area 0.0.0.0
   authentication-mode md5 1 plain huawei
   network 10.0.3.3 0.0.0.0
   network 10.0.13.3 0.0.0.0
   network 202.101.34.3 0.0.0.0
 area 0.0.0.2
   authentication-mode md5 1 plain huawei
   network 10.0.34.3 0.0.0.0
   nssa no-summary
#
rip 1
 version 2
 network 10.0.0.0
 import-route ospf 1
#
route-policy R2O permit node 10
```

图 10 – 14　具体配置（续）

```
 if-match acl 2000
#
route-policy R2O permit node 20
 if-match acl 2001
 apply cost 50
#
return

<R4>display current-configuration
#
 sysname R4
#
acl number 2000
 rule 5 permit source 192.168.10.0 0.0.0.255
 rule 10 permit source 192.168.20.0 0.0.0.255
#
interface Serial1/0/0
 link-protocol ppp
 ip address 10.0.24.4 255.255.255.0
 ospf timer hello 60
#
interface GigabitEthernet0/0/0
 ip address 10.0.34.4 255.255.255.0
#
interface GigabitEthernet0/0/2
 ip address 10.0.46.4 255.255.255.0
#
interface LoopBack0
```

图 10 – 14 具体配置（续）

```
    ip address 10.0.4.4 255.255.255.255

#

interface Tunnel0/0/0

    ip address 202.101.34.4 255.255.255.0

    tunnel-protocol gre

    source 10.0.34.4

    destination 10.0.34.3

    ospf cost 1

    ospf network-type broadcast

#

ospf 1 router-id 10.0.4.4

    import-route rip 1 route-policy R2O

    area 0.0.0.0

        authentication-mode md5 1 plain huawei

        network 10.0.4.4 0.0.0.0

        network 10.0.24.4 0.0.0.0

        network 202.101.34.4 0.0.0.0

    area 0.0.0.2

        authentication-mode md5 1 plain huawei

        network 10.0.34.4 0.0.0.0

        nssa no-summary

#

rip 1

    version 2

    network 10.0.0.0

    import-route ospf 1

#

route-policy R2O permit node 10
```

图 10 – 14　具体配置（续）

总 结 与 评 价

通过对本任务的学习，学生可以全面了解路由器的工作原理，掌握使用路由器的基本方法。

考核评价

考核项目	权值	考核内容		评分
职业素养	5%	迟到、早退		
	15%	动手操作能力、吃苦耐劳、团结协作		
技能目标	20%	路由器指令	常用指令	
	20%	RIP 配置	组建局域网	
	20%	网络互联	实现三层交换机的网络互联配置	
知识拓展	20%	做一做	安全配置交换机端口	
合计				

模块 5

通信安全

任务 11　计算机病毒

本任务主要介绍计算机病毒及其特征，使学生可以掌握计算机病毒的特征及危害，理解计算机病毒的反制措施。

任务目的

（1）了解计算机病毒的定义与特征。

（2）理解反病毒技术。

（3）培养学生勇于创新进取的开拓精神。

任务要求

（1）能够分析出不同种类的计算机病毒。

（2）能够判断出计算机系统是否感染病毒，并采取相关措施防范病毒。

11.1　计算机病毒的定义

计算机病毒是一种能够通过某种途径潜伏在计算机系统的存储介质里，当达到某种触发条件时即被激活，通过修改其他程序的方法将自己程序复制到其他程序内，从而感染其他计算机系统，对计算机资源进行破坏的人为编程程序。网络上的计算机病毒包括系统病毒、蠕虫病毒、木马病毒、黑客病毒、脚本病毒、宏病毒、后门病毒、破坏性程序病毒、玩笑病毒、捆绑机病毒等。这些病毒对计算机网络有非常大的破坏性。

11.2　计算机病毒的特征及其危害

1. 寄生性

计算机病毒非法寄生在计算机系统程序内，当触发病毒启动程序时，病毒就被唤醒了，从而启动，开始工作。病毒未被激活之前不易被发现。

2. 隐蔽性

计算机病毒入侵计算机系统后寄生在正常程序内，通过病毒软件分析检查才能筛查出来，有的病毒隐蔽性很强，很难和正常程序区分开来。

3. 潜伏性

大部分病毒入侵计算机系统后不会马上进行破坏，若没有达到触发条件，则会长期潜伏在系统内部，只有满足条件时才会激活产生破坏作用。

4. 破坏性

计算机病毒入侵计算机系统后会对内部程序进行修改，系统及内部应用程序会受到不同程度的破坏，系统资源通常会被恶意占用，严重的可能导致系统无法正常工作。病毒的破坏形式通常有删除、增加、修改、移除。

5. 传染性

计算机病毒入侵系统激活启动后，会通过其他符合传染条件的介质和程序进行传染复制，实现自我繁殖并存活下去。

6. 可触发性

病毒因某个动作或数值的发生，而被触发实施感染或进行攻击的特性称为可触发性。病毒的触发条件可能是时间、日期或某种特定的数据。

7. 不可预见性

计算机病毒的出现速度永远超出防病毒软件中病毒库的更新速度。计算机病毒的程序千变万化，没有一种杀毒软件可以杀死所有病毒。

了解计算机病毒

11.3　反病毒技术

1. 自动解压技术

现如今，压缩文件成为传播病毒的主要介质之一，用户在网络上不小心下载了带病毒的压缩文件，解压到计算机系统时，系统就会被入侵感染。自动解压技术是掌握各种压缩算法和相关数据模型对压缩包文件进行病毒杀查的反病毒技术。

2. 实时监测技术

实时监测技术为计算机系统制造出一道动态实时反病毒屏障，修改操作系统配置使其具备反病毒能力，实时监测计算机系统是否存在病毒的行动情况，及时将病毒阻隔在系统之外。

实时监测系统占用的系统资源较少，不会影响用户对操作系统的操控。

3. 全平台反病毒技术

为了使病毒查杀软件和计算机系统更好地配合来防范病毒，不仅在计算机系统上安装相应的病毒查杀软件，而且在各病毒检测点也安装病毒杀查模块，通过系统平台和病毒查杀模块的配合将实时动态地将病毒阻挡在系统外部。

11.4　病毒的预防与处理

11.4.1　对感染病毒计算机的判断

1. 查看运行速度是否比正常计算机慢很多

由于病毒在计算机中会占用大量的计算资源、内存空间和网络带宽，所以会导致计算机不堪重负，运行越来越慢。比如，原本打开一个应用程序，计算机反应迅速，而现在没有进行其他计算机操作，想运行程序，却只见硬盘狂转，风扇呼响，而程序却迟迟不见响应；同时，鼠标动作迟钝，系统死机，这时就要考虑该计算机是否感染了病毒。

2. 查看文件系统是否被破坏

如果计算机桌面图标突然不见了、硬盘盘符消失了、硬盘容量突然减少了，或者打开硬盘盘符显示的文件目录混乱、出现很多来历不明的文件，甚至都打不开硬盘了，就可能是感染了破坏硬盘数据的病毒；如果发现在打开文件时莫名弹出一个窗口让你填写密码，仔细一看还附带转账支付方式，这就是勒索病毒在搞鬼；如果发现所有文件的后缀名都被统一改成了特定的文件后缀名，这就是文件感染病毒在捣乱。

3. 使用杀毒软件进行磁盘扫描

若要判断计算机是否感染病毒，可以使用杀毒软件进行扫描，查看计算机是否存在病毒，在扫描之前可以先进行病毒库的升级。

4. 利用任务管理器查看

可以利用任务管理器，查看是否有非法进程正在运行，但是某些隐蔽性强的病毒不会在任务管理器中显示进程。

5. 查看注册表

有一些病毒的运行需要通过注册表加载，例如恶意网页病毒等，因此可以在注册表中查看它们的行踪。

11.4.2　预防

1. 经常更新操作系统补丁和应用软件的版本

操作系统厂商会定期推出升级补丁，这些升级补丁除了可提升操作系统性能外，很重要的任务是堵塞可能被恶意利用的操作系统漏洞。同理，把软件升级到最新版本，也会让很多病毒望而却步，因为新版本软件会优化内部代码，使病毒暂无可乘之机。

2. 安装防火墙和杀毒软件

防火墙与杀毒软件就像大门的警卫，会仔细甄别出入系统的文件程序，发现异常及时警告并处置。比如用户在访问恶意网站或运行可疑程序时，杀毒软件都会进行警告；当下载或收到可疑文件时，杀毒软件也会先行扫描；当用户的操作系统需要更新或应用程序需要升级时，杀毒软件也会提示。

3. 经常备份重要的数据

越是重要的文件，越要多做备份，而且备份之间相距越远越好。就像我们在编辑文档时经常保存一样，一旦遇到突发情况，就可以将损失降到最低，不至于全文皆丢。作为事后补救的措施，及时备份是一种很好的习惯和方法。

4. 使用复杂的密码

密码越复杂，被破解的概率越小，因此对自己的操作系统、邮箱、社交账号要设置长度12位以上，字符、数字、特殊符号混杂的密码，而且不要用生日日期作为密码，易被猜解，更不要将银行、社保等现实生活密码与网络密码混用。

5. 上网要提高安全意识

不要接收来历不明的文件，不要打开可疑的链接，不要暴露真实的身份信息，不要访问操作系统提示"危险"的网站，要相信杀毒软件给出的警示信息，切莫一意孤行造成损害。

11.4.3 感染病毒后的操作

一旦感染病毒后，必须采取紧急措施处理计算机，可以利用一些简单的方法处理大部分病毒，从而降低用户的损失。

1. 断网

发现计算机感染病毒后，首先断开网络连接。断开网络连接就等于斩断了病毒与外界联系的渠道，可以避免相互复制文件，无论其试图网传你的文件还是感染其他计算机，都能被有效阻止，这样也就避免了病毒向整个网络扩散。

2. 杀毒

即打开杀毒软件对全盘进行扫描查杀。对于普通病毒，一般的扫描杀毒即可恢复系统状态。如果病毒比较棘手，导致系统死机、运行缓慢，甚至连杀毒软件都不能工作，这时需要重启操作系统。在给计算机通电后，启动操作系统前，有的杀毒软件会提示是否进行扫描杀毒，这种杀毒方式称为 BootScan。由于病毒依赖于操作系统才能运行，在系统未启动前，病毒没有被激活，只是普通的硬盘文件，可用该方式轻易清除病毒。如果计算机没有安装杀毒软件或者不具备 BootScan 功能，可将硬盘拆下后挂载到另外一台计算机上作为普通硬盘进行查杀操作。

3. 备份

清除病毒后，导出重要的文件进行备份。把扫描过的硬盘挂载为普通硬盘，备份其中的重要文件资料。备份时仅需要备份文档、照片等非程序数据文件，而不需要备份程序文件。

4. 重新安装操作系统

重新安装操作系统，彻底清理系统分区。病毒通常会驻留隐藏在系统分区，重新安装操作系统是最彻底的清除办法。重装完操作系统后要及时安装杀毒软件，更新系统补丁。然后将所有的账号、密码进行更换，包括邮箱账号密码、社交账号、网盘账号等，还要对所有曾经连接过感染主机的 U 盘、移动硬盘进行查杀扫描，从而彻底清除遗留的病毒文件。

计算机病毒的
识别与预防

11.5 宏病毒防范

1. 制作简单的宏病毒

步骤1：在 Word 2007/2010 程序中新建一个文档，然后在"视图"选项卡中，单击"宏"下拉按钮，在打开的下拉列表中选择"查看宏"选项，打开"宏"对话框，在"宏名"文本框中输入 autoexec，如图 11-1 所示。

图 11−1　"宏"对话框

步骤2：单击"创建"按钮，在打开的宏编辑窗口中输入如图 11−2 所示的代码。

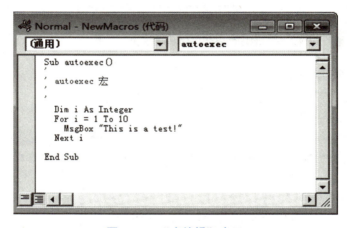

图 11−2　"宏编辑"窗口

步骤3：关闭"宏编辑"窗口，保存文档并关闭 Word 程序，一个简单的宏病毒就制作成功了。

步骤4：再打开刚才保存的文档，可以看到宏代码已经运行了，如图 11−3 所示，这只是一个恶作剧，如果把循环情况设置为死循环，Word 程序就无法正常使用了。

2. 宏病毒的防范

步骤1：使用杀毒软件查杀 Office 软件的安装目录和相关 Office 文档。

步骤2：在 Word 2019 的"信任中心"选项卡中单击"信任中心设置"，如图 11−4 所示。当出现"宏设置"界面后，选中"禁用所有宏，并发出通知"或"禁用所有宏，并且不通知"单选按钮，单击"确定"按钮，如图 11−5 所示。

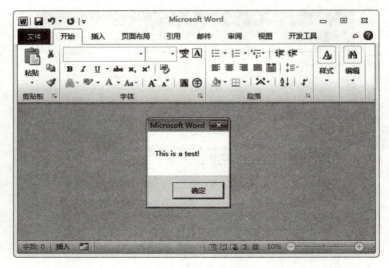

图 11-3　Word 程序

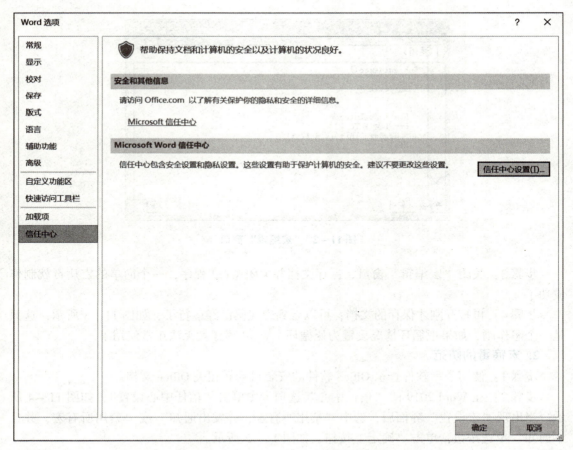

图 11-4　"信任中心"选项卡

图 11 – 5　"宏设置"界面

总结与评价

通过对本任务的学习，学生能够判断计算机系统是否感染了病毒，并采取相应的防范措施。

考核评价

考核项目	权值	考核内容		评分
职业素养	5%	迟到、早退		
	10%	执着专注、精益求精、一丝不苟		
技能目标	5%	计算机病毒	计算机病毒的特征	
	10%		反病毒技术	
	20%		病毒的预防	
	20%		感染病毒后的操作	
	30%		宏病毒的防范	
合计				

任务 12　操作系统安全

本任务主要介绍了常见操作系统的安全操作方法，让学生可以掌握基本的登录安全和运行安全方法，使用户管理系统中的数据更安全。

任务目的

（1）掌握操作系统的安全保护措施。

（2）培养学生与时俱进的进取精神。

任务要求

能够进行 Windows 系统的基本安全配置。

12.1　Windows 系统安全操作系统

操作系统是一组面向计算机和用户的程序，是用户程序和计算机硬件之间的软件接口，可以让用户最大限度地高效使用计算机资源。常用的操作系统有 Windows 和 Linux。

1. 保护系统默认账户

系统默认账户包括 Guest 账户和 Administrator 账户。Guest 账户是为非授权用户登录使用的，具有可完成基本操作的权限。Administrator 账户是计算机系统中授权用户登录系统使用的账户，具有更高的操作权限。两类账户在 Windows 系统中是黑客入侵的主要攻击对象，因此，保护系统默认账户是保护 Windows 系统安全的重要措施。

（1）保护 Guest 账户。

任何时候都不能随意允许 Guest 账户登录系统。可以将 Guest 账户关闭、停用或改名。以防止 Guest 账户访问计算机系统和查看日志，窃取重要信息。

（2）保护 Administrator 账户。

Windows 中的管理员账户具备最高操作权限，无法停用。为防止密码被不断地尝试，应把 Administrator 账户的名字更改伪装成普通用户名。在修改用户名的同时，也要修改用户全名。

2. 不显示上次登录的用户名

尽管系统管理员可以改名，但系统注销重新登录后，Windows 默认显示最近一次的登录用户名，从而会泄露出系统管理员的用户账号。可以通过分组策略设置登录用户名是否显示来解决此问题。

在"本地安全策略"窗口的左侧窗格中，选择"本地策略"→"安全选项"选项，如图 12-1 所示。

在右侧窗格中，找到并双击"交互式登录：不显示最后的用户名"选项，打开"交互式登录：不显示最后的用户名 属性"对话框，在"本地安全设置"选项卡中，先选中"已启用"单选按钮，如图 12-2 所示，再单击"确定"按钮。

图 12 – 1　本地策略

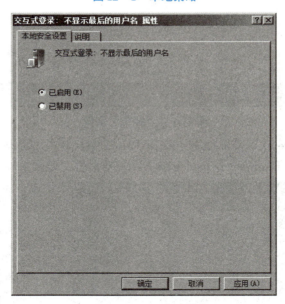

图 12 – 2　设置本地安全

3. 关闭不必要的服务和端口

多余未工作的端口开放使用永远是威胁系统安全的重要隐患，黑客可以通过开放的端口服务入侵计算机系统内部，攻击破坏系统信息。例如，黑客通过远程注册服务允许远程用户修改计算机上的注册表设置，这种远程服务是非常危险的，应将此开放服务端口进行关闭处理。

在 Windows 操作系统中，默认开启的服务有很多，但并非所有开启的服务都是操作系统所必需的，禁止所有不必要的服务可以节省内存和大量的系统资源，提升系统的启动和运行速度。更重要的是，可以减少系统受攻击的风险。操作步骤如下：查看服务。选择

"开始" → "所有程序" → "管理工具" → "服务" 命令，打开 "服务" 窗口，如图 12 - 3
所示，可见，很多服务已启动。

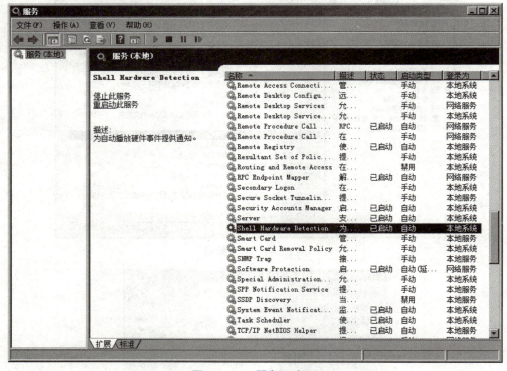

图 12 - 3 "服务" 窗口

关闭 Shell Hardware Detection 服务。在图 12 - 3 中找到并双击 Shell Hardware Detection
服务选项，打开 "Shell Hardware Detection 的属性" 对话框，如图 12 - 4 所示。单击 "停止"

图 12 - 4 "Shell Hardware Detection 的属性" 对话框

按钮，停用 Shell Hardware Detection 服务，再在"启动类型"下拉列表中选择"禁用"选项（这样，下次系统重新启动时就不会重新启用 Shell Hardware Detection 服务了），然后单击"确定"按钮。

4. 关闭默认共享

操作系统安装好后，默认所有的驱动器都打开了共享，很容易被黑客利用放置危险的恶意程序和文件。使用 net share 工具可以查看系统中的默认共享，再进行相关服务的关闭操作。操作步骤如下：在"命令提示符"窗口中，输入"net share"命令，查看共享资源，如图 12 - 5 所示。

图 12 - 5　"命令提示符"窗口

先输入 net share ADMIN $ /delete 命令，再删除 ADMIN $ 共享资源，然后输入 net share 命令，验证是否已删除 ADMIN $ 共享资源，"运行结果"界面如图 12 - 6 所示。

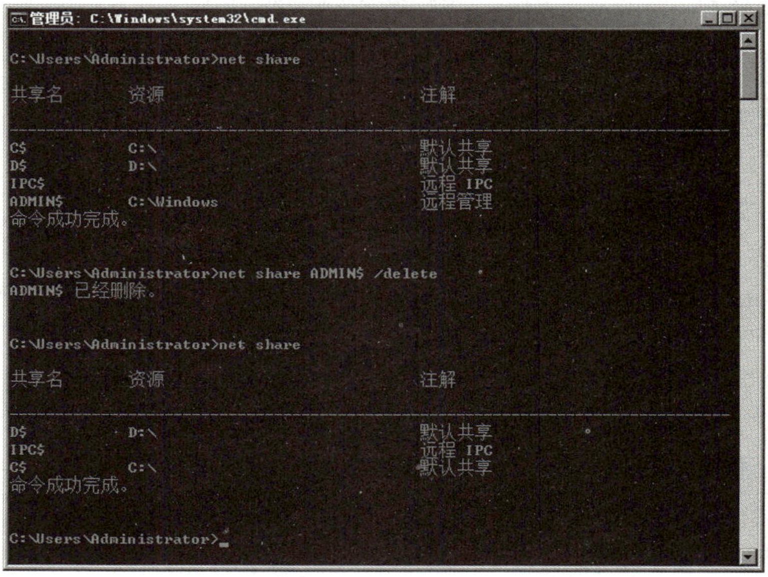

图 12 - 6　"运行结果"界面

IPC$共享资源不能被 net share 命令删除，应利用注册表编辑器来对它进行限制使用。选择"开始"→"运行"命令，打开"运行"对话框，在对话框的"打开"文本框中输入 regedit 命令，然后单击"确定"按钮，打开注册表编辑器。

找到组键 HKEY_LOCAL_MACHINE\SYSTEM\CurrentControlSet\Control\Lsa 中的 restrict-anonymous 子键，将其值改为 1（图 12 – 7）。如果没有这个子键，则新建一个。此时，一个匿名用户仍然可以空连接到 IPC$共享，但无法通过这种空连接列举 SAM 账号和共享信息的权限（枚举攻击）。

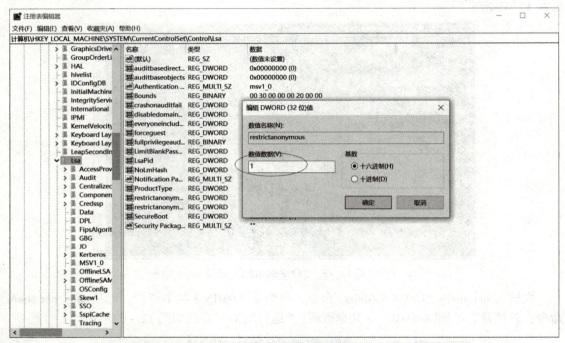

图 12 – 7　注册表编辑器

12.2　文件安全

12.2.1　文件加密

使用常见方式对文档进行加密的步骤如下：

（1）在 Word 中，单击文件→信息，就会弹出一个窗口，如图 12 – 8 所示。

（2）单击"保护文档"，出现如图 12 – 9 所示的界面。

（3）单击"用密码进行加密"，出现如图 12 – 10 所示的对话框，输入密码后单击"确定"按钮，对文件进行加密保护。

12.2.2　添加水印

（1）在文档设计选项中进行水印的添加，单击文档中的"设计"选项，从中找到"水印"选项，如图 12 – 11 所示。

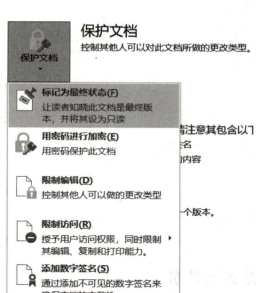

图 12 – 8　保护文档

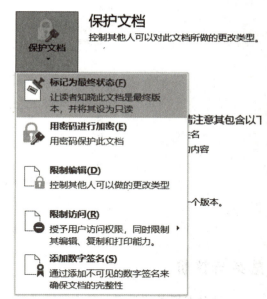

图 12 – 9　保护文档选项卡

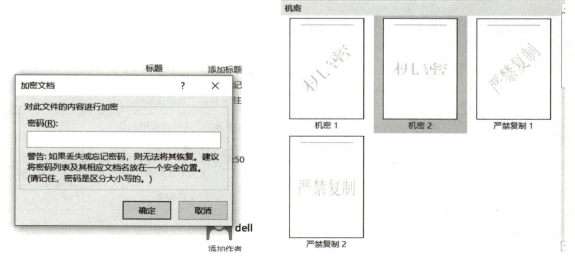

图 12 – 10　文件设置密码

图 12 – 11　默认水印

（2）在"水印"选项中，将水印类型选为"文字水印"，如图 12 – 12 所示。最后，单击"确定"按钮完成设置。

12.2.3　格式转换

将带有水印的文档文件转换为 PDF 格式。单击"文件"按钮，选择"另存为"选项，在计算机中选择保存位置，将"保存类型"选为 PDF，便可完成格式转换。

做一做

使用文档编写一段文字，将水印类型选为"班级 + 学号"，要求格式为 PDF。

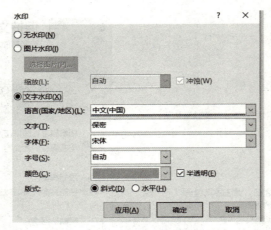

图 12 - 12　其他类型的水印

总结与评价

通过对本任务的学习，学生能够进行系统的安全保护操作。

考核评价

考核项目	权值	考核内容		评分
职业素养	5%	迟到、早退		
	10%	执着专注、精益求精、一丝不苟		
技能目标	15%	操作系统安全	保护系统默认账号	
	20%		不显示上次登录的用户名	
	20%		关闭服务和端口	
	20%		关闭默认共享	
	10%		文件加密	
合计				

任务 13　防火墙安全技术

本任务主要介绍防火墙的定义、功能和安全防范技术。

任务目的

（1）掌握防火墙的基本定义和功能作用。

（2）熟悉防火墙常见的几种分类和工作原理。

（3）培养学生的探索精神。

任务要求

（1）能够了解防火墙设备的特性并正确使用防火墙。

（2）能够正确掌握防火墙设备的工作机制。

13.1 防火墙概述

1. 防火墙的定义

防火墙通常是运行在一台单独计算机之上的一个特别的服务软件，它可以识别并屏蔽非法请求，保护内部网络中敏感的数据不被偷窃和破坏，并记录内外网通信的有关状态信息，如通信发生的时间和进行的操作等。防火墙犹如一道护栏隔在被保护的内部网与不安全的非信任网络之间，用来保护计算机网络免受非授权人员的骚扰与黑客的入侵。在逻辑上，防火墙既是一个分离器，也一个限制器，还是一个分析器，它能有效监控内部网和外部网之间的任何活动，保证了内部网络的安全。

2. 防火墙的功能

（1）防火墙是网络安全的屏障。由于只有经过精心选择的应用协议才能通过防火墙，所以防火墙（作为阻塞点、控制点）能极大地提高内部网络的安全性，并通过过滤不安全的服务而降低风险，使网络环境变得更安全。

（2）防火墙可以强化网络安全策略。通过以防火墙为中心的安全方案配置，能将所有安全软件（如口令、加密、身份认证、审计等）配置在防火墙上。与将网络安全问题分散到各个主机上相比，防火墙的集中安全管理更经济。

（3）对网络存取和访问进行监控审计。如果所有的访问都经过防火墙，那么，防火墙就能记录下这些访问并做出日志记录，也能提供网络使用情况的统计数据。当发生可疑动作时，防火墙能进行适当的报警，并提供网络是否还在被探测和攻击的详细信息。

（4）防止内部信息的外泄。防火墙对内部网络进行划分，可以实现对内部网络重点网段的隔离，从而限制局部重点或敏感网络安全问题对全局网络造成的影响。再者，隐私是内部网络非常关心的问题，一个内部网络中不引人注意的细节可能包含了有关安全的线索而引起外部攻击者的兴趣，甚至因此而暴露了内部网络的某些安全漏洞。

防火墙

除了起到安全作用以外，防火墙通常还支持 VPN 功能。

3. 防火墙技术的分类及工作原理

（1）包过滤防火墙是目前使用最为广泛的防火墙，它工作在网络层和传输层，通常安装在路由器上，对数据包进行过滤选择。通过检查数据流中每一数据包的源 IP 地址、目的 IP 地址、所用端口号、协议状态等参数或它们的组合，与用户预定的访问控制表中的规则进行比较，来确定是否允许该数据包通过。如果检查数据包所有的条件都符合规则，则允许通过；如果检查到数据包的条件不符合规则，则会阻止其通过并将其丢弃。

（2）代理防火墙通常运行在两个网络之间，是客户机和真实服务器之间的中介，代理服务器彻底隔断内部网络与外部网络的"直接"通信，内部网络的客户机对外部网络的服务器的访问，变成了代理服务器对外部网络的服务器的访问，然后由代理服务器转发给内部网络的客户机。代理服务器对内部网络的客户机来说，像一台服务器，而对于外部网络的服务器来说，它又像一台客户机。代理防火墙是内部网与外部网的隔离点，工作在 OSI 模型的最高层（应用层），掌握着应用系统中可用于安全决策的全部信息，起着监视和隔绝应用层通信流的作用。

（3）状态检测技术是基于会话层的技术，对外部的连接和通信行为进行状态检测，阻止具有攻击性可能的行为，从而可以抵御网络攻击。根据 TCP/IP，每个可靠连接的建立需要经过"客户端同步请求""服务器应答""客户端再应答"三个阶段（即三次握手）。状态检测防火墙摒弃了包过滤防火墙仅检查数据包的 IP 地址等几个参数，也不关心数据包连接状态变化的缺点，在防火墙的核心部分建立状态连接表，并将进出网络的数据当成一个个会话，利用状态连接表跟踪每一个会话状态。

防火墙的分类

13.2 Windows 防火墙

Windows 10 系统内置了 Windows 防火墙，它可以为计算机提供保护，以避免其遭受外部恶意软件的攻击。

1. 网络位置

在 Windows 10 系统中，不同的网络位置可以存在不同的 Windows 防火墙设置，因此，为了增加计算机在网络中的安全性，管理员应该将计算机设置在适当的网络位置。

可以选择的网络位置主要包括专用网络、公用网络和域网络三种，如图 13-1 所示。

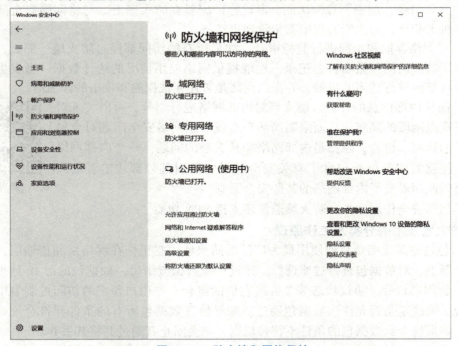

图 13-1　防火墙和网络保护

（1）专用网络。

专用网络包含家庭网络和工作网络。在该网络位置中，系统会启用网络搜索功能使用户在本地计算机上可以找到网络上的其他计算机。同时，其也会通过设置 Windows 防火墙

（开放传入的网络搜索流量）使网络中的其他用户能够浏览本地计算机中的信息。

（2）公用网络。

公用网络主要指外部的不安全的网络（如机场、咖啡店中的网络）。在该网络位置中，系统会通过 Windows 防火墙的保护，使其他用户无法在网络上浏览到本地计算机，并可以阻止来自互联网的攻击行为，但也会同时禁用网络搜索功能，使用户在本地计算机上也无法找到网络上的其他计算机。

（3）域网络。

如果计算机加入域，则其网络位置会被自动设置为域网络，并且无法自行更改。更改计算机的网络位置"公用"或"专用"，其实是应用了 Windows 防火墙中的不同配置的文件。

2. 高级安全性

具有高级安全性的 Windows 防火墙结合了主机防火墙和 IPSec 技术（一种用来通过公共 IP 网络进行安全通信的技术）。与边界防火墙不同，具有高级安全性的 Windows 防火墙可在每台运行了 Windows 10/Windows Server 2008 的计算机上运行，并对可能穿越外围网络或源于组织内部的网络攻击提供本地保护。另外，它还提供从计算机到计算机的连接安全，让用户对通信过程要求使用身份验证和数据保护。

Windows 防火墙是一种状态防火墙，负责检查并筛选 IPv4 和 IPv6 流量的所有数据包。它默认阻止传入流量，除非是对主机请求（请求的流量）的响应，或者被特别允许（即创建了防火墙规则允许该流量），默认允许传出流量。通过配置，具有高级安全性的 Windows 防火墙（指定端口号、应用程序名称、服务名称或其他标准）可以显示允许的流量值。使用具有高级安全性的 Windows 防火墙还可以请求或要求计算机在通信之前互相进行身份验证，并在通信时使用数据完整性或数据加密技术。Windows 防火墙使用两组规则配置其如何响应传入和传出流量，即防火墙规则（入站规则和出站规则）和连接安全规则，如图 13-2 所示。其中，防火墙规则确定允许或阻止哪种流量，连接安全规则确定如何保护

图 13-2　高级安全防火墙

此计算机和其他计算机之间的流量。使用防火墙配置文件（根据计算机连接的网络位置）不仅可以应用这些规则及其设置，还可以监测防火墙的活动规律。

13.3　Windows 防火墙的应用

任务实施步骤

（1）选择网络位置。

为了增加计算机在网络中的安全性，管理员应该为计算机选择适当的网络位置。

步骤1：单击屏幕右下角的网络连接图标，在打开的列表中单击"网络和共享中心"链接，打开"网络和共享中心"窗口，如图13-3所示。

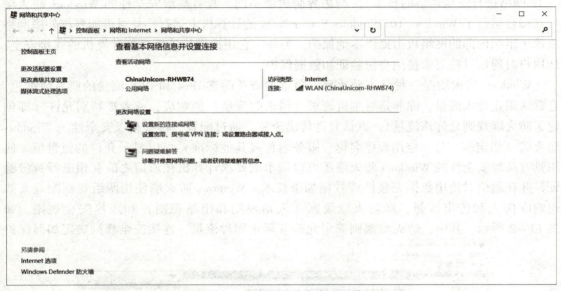

图13-3　"网络和共享中心"窗口

步骤2：单击目前的网络位置（如公用网络），打开"设置网络位置"对话框，单击相应的网络位置（如工作网络）即可，如图13-4所示。

（2）启用 Windows 防火墙。

步骤1：选择"开始"→"控制面板"命令，打开"控制面板"窗口，单击其中的"Windows 防火墙"链接，打开"Windows 防火墙"窗口。

步骤2：单击"公用网络"，出现"公用网络设置界面"窗口，出现防火墙开启和关闭界面，如图13-5所示，单击"开启"按钮，防火墙在公用网络上便开启了工作模式。

（3）将 Windows 防火墙设置为允许 ping 命令响应。

在默认情况下，Windows 防火墙是不允许 ping 命令响应的，即当本地计算机开启 Windows 防火墙时，在网络中的其他计算机上运行 ping 命令，向本地计算机发送数据包，本地计算机将不会应答响应，而其他计算机上会出现 ping 命令的"请求超时"错误。如果要让 Windows 防火墙允许 ping 命令响应，可进行如下设置。

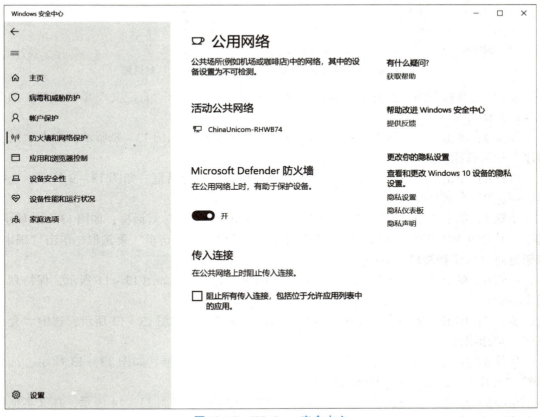

图 13 - 4　"设置网络位置"对话框

图 13 - 5　Windows 安全中心

步骤1：在"Windows 防火墙"窗口中，单击"高级设置"链接，打开"高级安全 Windows Defender 防火墙"对话框，选择左窗格中的"入站规则"选项，然后单击鼠标右键，在弹出的快捷菜单中选择"新建规则"命令，如图 13-6 所示。

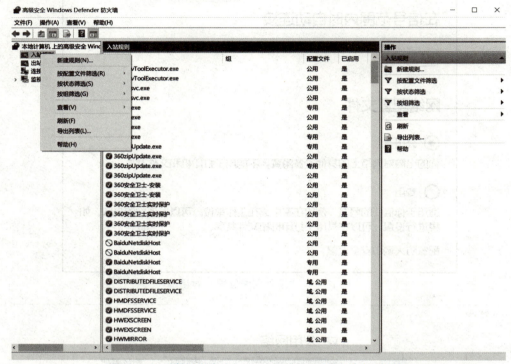

图 13-6 "高级安全 Windows Defender 防火墙"对话框

步骤2：在打开的"新建入站规则向导"对话框中，选中"自定义"单选按钮，如图 13-7 所示。

步骤3：单击"下一步"按钮，出现"程序"对话框，如图 13-8 所示，选中"所有程序"单选按钮。

步骤4：单击"下一步"按钮，出现"协议和端口"对话框，如图 13-9 所示，选择"协议类型"为 ICMPv4。

步骤5：单击"自定义"按钮，打开"自定义 ICMP 设置"对话框，如图 13-10 所示，选中"特定 ICMP 类型"单选按钮，并在列表框中选中"回显请求"复选框，单击"确定"按钮返回"协议和端口"界面。

步骤6：单击"下一步"按钮，出现"作用域"对话框，如图 13-11 所示，保持默认设置不变。

步骤7：单击"下一步"按钮，出现"操作"对话框，如图 13-12 所示，选中"允许连接"单选按钮。

步骤8：单击"下一步"按钮，出现"配置文件"对话框，如图 13-13 所示，选中"域""专用""公用"复选框来配置文件。

步骤9：单击"下一步"按钮，出现"名称"对话框，如图 13-14 所示，在文本框输入本规则的名称"Ping OK"，单击"完成"按钮，完成本入站规则的创建。

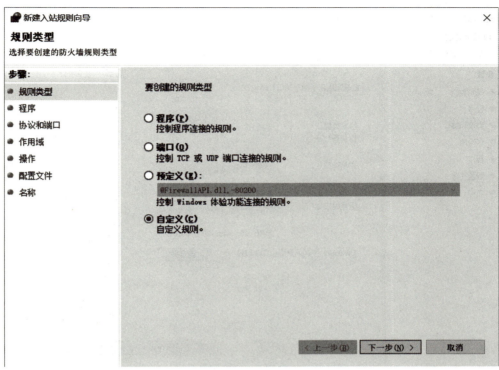

图 13 – 7 "新建入站规则向导"对话框

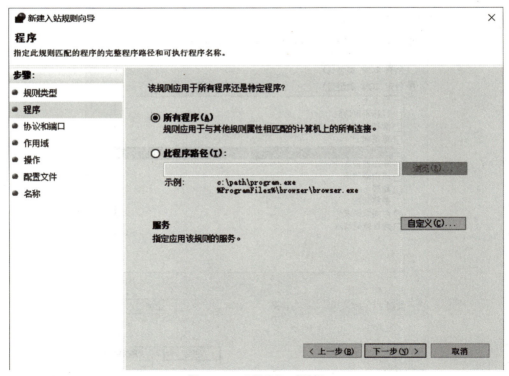

图 13 – 8 "程序"对话框

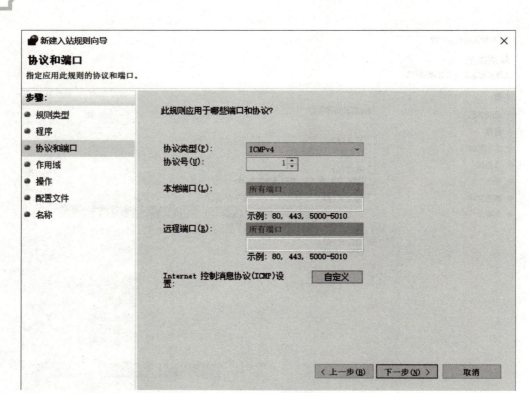

图 13 – 9 "协议和端口"对话框

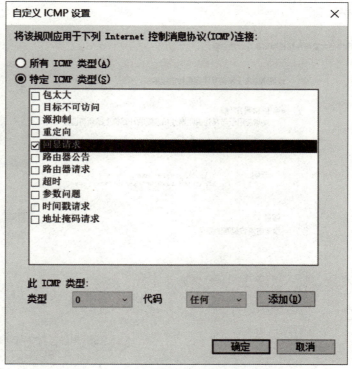

图 13 – 10 "自定义 ICMP 设置"对话框

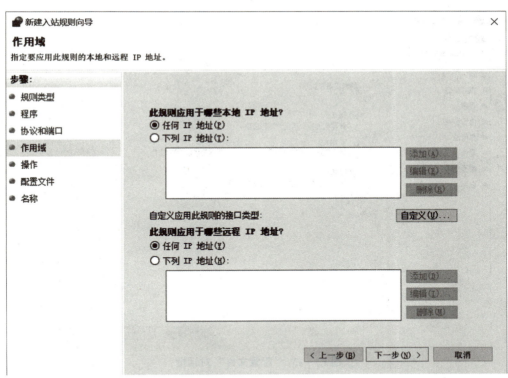

图 13 – 11　"作用域"对话框

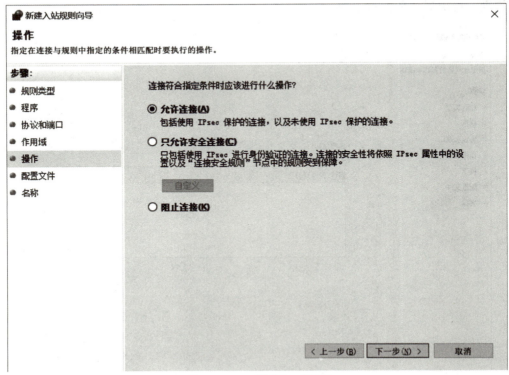

图 13 – 12　"操作"对话框

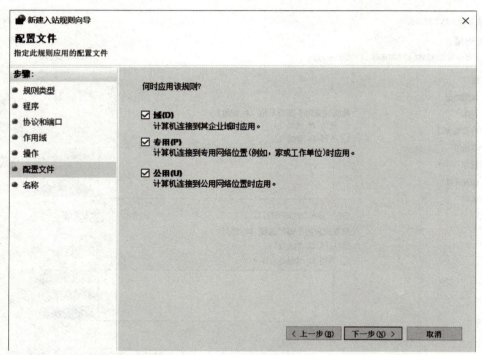

图 13 – 13 "配置文件"对话框

步骤 10：在其他计算机上 ping 本计算机，测试是否 ping 通。接下来，禁用"Ping OK"入站规则，再次测试是否 ping 通。

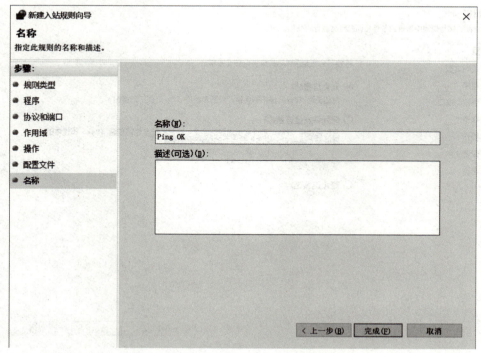

图 13 – 14 "名称"对话框

总结与评价

通过对本任务的学习，学生能够了解防火墙的基本知识。

考核评价

考核项目	权值	考核内容		评分
职业素养	5%	迟到、早退		
	10%	执着专注、精益求精、一丝不苟		
技能目标	15%	防火墙安全技术	防火墙功能	
	15%		防火墙分类	
	15%		防火墙工作原理	
	40%		防火墙应用操作	
合计				

参 考 文 献

［1］郑鲲. 通信网络安全原理与实践［M］. 北京：清华大学出版社，2014.

［2］袁津生，吴砚农. 计算机网络安全基础［M］. 北京：人民邮电出版社，2018.

［3］兰少华. 网络安全理论与应用［M］. 北京：人民邮电出版社，2016.

［4］林幼槐，陈安国，梁志大. 信息通信网络建设安全管理概要［M］. 北京：人民邮电出版社，2012.